# 万葉植物秘話

——今こそ学ぶべき『万葉集』のこころ——

高見沢 茂富
Takamisawa Shigetomi

ほおずき書籍

# 万葉植物秘話 ＊ 目次

## コラム

# 万葉植物秘話

# プロローグ

ふるさとの山に向かいて言うことなし　ふるさとの山はありがたきかな　石川啄木

私は幼かった頃、自分の生まれた長野県埴科郡倉科村（当時）は周辺の町村の中で最も小さな村だったので、そのことに対してコンプレックスを感じていたことがある。

ところがいつの頃からか、家族や小学校の担任の先生方に、村のいろいろな場所に連れて行かれるうちに、実は自分が生まれ育った我が故郷「倉科」には、素晴らしい宝物がいっぱいあることを知った。高校を卒業し、故郷を離れ、すでに半世紀以上経ってしまったが、今では、四つあるそれらの宝物が私の生きる支えになっている。

一つめは、村の最高峰である鏡台山である。姨捨伝説で有名な姨捨山から中秋の名月を見ると、ちょうど鏡台のような鏡台山に十五夜の満月が出てくるのである。周囲の町村と隣り合っているが、この鏡台山が私たちの村の最高峰である。

二つめは、アンズやセツブンソウなどの貴重な美しい草木が春の訪れを告げてくれること。幼い頃は、アンズはどこにでもある木だと思っていたが、後には長野市の安茂里とともに、我が郷土の倉科（森）が、信州の中だけでなく、全国的に見ても、アンズの名産地だということを知るようになった。

三つめは、幼馴染の旧友である。最近、郷土に残った旧友たちが中心になって数十年ぶりに同級会を開いてくれたのだが、六割近い仲間が集まり、旧交を温めることができた。いたずらばかりで、みんなに迷惑ばかりかけていた私を温かい心で許してくれたのである。やはり、大切な宝物の一つと言える。

最後の四つめは、次のような万葉歌碑があることである。

人皆の言は絶ゆとも埴科の　石井の手児が言なは絶えそね　作者不詳

【世の人のすべての言葉の行き来は絶えようとも、埴科の石井にいる美しく愛らしい乙女の言葉、言い伝えはどうか絶やさないでほしい】

絶世の美女「石井の手児」が、我が故郷「倉科の里」の村の真ん中に湧いていた石井の泉の近くに住んでいたという物語を詠った和歌である。今はお隣の森地区とともに、アンズで有名だが、万葉の時代には〝美女のいる里〟として有名だったのである。今でも「倉科女と森男」という言い伝えがあるが、我が故郷は美女が、お隣の森にはイケメン（色男）が多い？　これらの『万葉集』の歌物語を教えていただいたのも、小学校の担任の先生方からである。『万葉集』との直接的な素晴らしい出会いだったと思っている。

その後、私も小・中学校の教師になった。自分の生まれ育った場所に誇りを持てる子どもたちを育てることを目標にした。私自身が、我が故郷「倉科」の自然の美しさ、小学校時の素晴らしい先生方、幼友達に育てられたと信じているから、唯々、感謝である。

本書では、主に『万葉集』に掲載されたいわゆる「万葉植物」を中心テーマとしているが、一部、『万葉集』の良さを伝えるため、植物とは直接関係のない歌についても取り上げている。また、『万葉集』が世に出た以後に作られたものでも、万葉人の人や生き物への優しい思いやりの心を引き継いだと思われる優れた詩歌についいては、いくつか、紹介したいと思っている。

セツブンソウ

# 第一章　万葉植物を学ぶ意義

## 一　『万葉集』の概要

さて、『七草物語秘話』に始まった拙著「植物秘話シリーズ」も「帰化植物」「植物行事」「二十四節気植物」と続き、今回は、「万葉植物」となった。

ここ十数年、私は「植物の生き方とそれらに学んだ先人の知恵」を学び続けてきた。その結論として、日本人の心の原点は、遠い万葉の時代にまで遡ることができることに確信を持った。

『万葉集』は、我が国最古の和歌集で、全二〇巻。四世紀の仁徳天皇の御代から奈良時代も終わりに近づいた淳仁天皇の時代、天平宝字三年（七五九）までの歌などが集録されている。その数は、およそ四五〇〇首にものぼり、長歌、短歌、旋頭歌《せどうか》などが収められている。

本書で展開する「万葉植物の学び」は、〝我が故郷の心を訪ねる旅〟となるものと固く信じている。

ハギ

さて、『万葉集』の「万」は「よろず」で、「たくさん」を意味するものであることに異論はなかろう。一方、「葉」については、いくつかの説がある。代表的なのは次の二つである。

①言葉・歌とみる説（鎌倉時代の万葉研究者の仙覚）

②時代（世・代）とみる説（江戸時代の国学者の契沖）

現代歌人・和歌研究の代表者の一人である佐々木幸綱は、②説を支持し、「万の時代の先までもこの時代が続いてほしい」という願いと祝福を込めての名称だとしている。私もこの考えを是と考えている。

また、歌が詠まれた場所は陸奥（現在の青森県）から筑紫（現在の鹿児島県）までと幅広く、詠み人も、あらゆる階層の人々が登場する。だからこそ、私のこの研究は、単なる和歌の鑑賞に終わらずに、私たち日本人の祖先である万葉の時代に生きた人々の生活や文化、当時の人々の思いや願いなどがどうであったかを探る貴重な機会になるだろう。とりわけ、本書で取り上げる植物が詠まれている歌は一七〇〇首余りあり、歌に登場する植物はおよそ一五〇〜一六〇種と推定されている。それらの植物を取り上げた歌からは、植物の幹や枝、花、葉、実、根など、詠まれた植物が本来持っている生態や形態などの特性を万葉人が現代の私たち以上の鋭い観察眼で見ていたことを窺い知ることができ、幾度となく感動し、驚かされた。万葉人の衣食住の生活や生き方そのものが、いかに植物と深く結びついていたかがよく分かった。

逆に言えば、今日の私たちの生活が、人間として成長していくために必要な植物と切り離されつつあるのではないかと危惧しているところでもある。

## 二　万葉植物ベスト10

1位　ハギ（一四一首）　2位　ウメ（一一九首）　3位　マツ（七七首）
4位　タチバナ（七〇首）　5位　アシ（五一首）　6位　スゲ（四九首）
7位　サクラ（四四首）　8位　ヤナギ（三九首）　9位　ススキ（三四首）
10位　フジ／ナデシコ（各二六首）

以上の一一種については、本書でも順次取り上げる。

## 三　作詞者ベスト10

なお、『万葉集』四五一六の歌のうち、作者名が記されている歌は約二〇八〇首あり、全体の四六・一％である。男女別上位5位までに入る歌人は次のとおりである。

（男性）
1位　大伴家持　四七九首（短歌四三一首／長歌四六首／旋頭歌一首／連歌一首）
2位　柿本人麻呂　八四首（短歌六六首／長歌一八首）
3位　大伴旅人　七八首（短歌七七首／長歌一首）
4位　山上憶良　七六首（短歌六四首／長歌一一首／旋頭歌一首）
5位　山部赤人　四九首（短歌三六首／長歌一三首）

（女性）　1位　大伴坂上郎女　八四首（短歌七七首／長歌六首／旋頭歌一首）
2位　笠郎女　　二九首（短歌二九首）
3位　狭野弟上娘子　　二三首（短歌二三首）
4位　額田王　　一二首（短歌九首／長歌三首）
4位　紀少鹿郎女（紀女郎）　一二首（短歌一二首）

混乱した今日ほど、厳しい自然の中で逞しく生き抜いている植物の生き方を学ぶ必要性を感じるときはない。環境変化に対応して変化（進化）し、その命を生存し続けてきた、その生き方に大いに学ぶべきことがあると信じるからだ。

ところで、植物というと私たちはどうしても、春から夏にかけて咲く花の美しさにのみ、目を奪われがちになる。しかし、本当に学ぶべき大切なものは、晩秋から初春にかけての最も厳しい寒さの中で生きている草木たちの生き方である。秋に葉を落とす木本の落葉樹たちが夏の終わりまでに作る創意工夫のあるさまざまな形態の冬芽に感動させられる。

また、草本でもいわゆる越年草といわれる仲間は、根生葉をロゼット状に広げ、弱い太陽の光を利用し、光合成で根に栄養を貯え、春の開花をじっと待っている。厳しい冬の自然の中で、耐え抜いている姿に貴重なことを教えられるはずである。自然の四季の変化を感じながら、そして、植物も一年を通じて学べることは大変良いことだと思っている。それらのことを学べたのも万葉植物のおかげである。

## コラム❶ 新元号「令和」と万葉植物

二〇一九年四月一日に、翌月五月一日からの新元号が「令和」に決まった。これまでの元号は西暦六四五年の「大化」以来、すべて中国の古典から選ばれていたが、今回、初めて国書（日本古典）から採用されたという。

しかし『万葉集』より古い中国古典詩文集『文選』の張衡の「帰田賦」の中の「於是仲春令月、時和気晴」（ここにおいて仲春の令月、時和して気清しと）という漢詩に、「令」と「和」の字がある。

それに、序文そのものも中国の書家、王羲之の「蘭亭序」の詩の序文などを模したとされる。万葉の時代にはまだ片仮名、平仮名などの日本の字が存在せず、漢字を借用し、万葉仮名として使用していたのである。序文の筆者である大伴旅人（一説には山上憶良）が、この中国の漢詩を借用したことは仕方のなかったことであり、ほぼ間違いない事実だろう。「梅花の宴」では、まず「落梅」に関する歌を詠んだ。その後、酒の宴があった。それを「梅花の宴」といったのだろう。

それに対し「蘭亭の宴」は、まず「曲水」といわれる遊戯を行った。屈曲して流れる川の水に杯を浮かべ、上流から流れてくる杯が自分の前を通り過ぎないうちに一首の詩を作り、杯をとって酒を飲み、次の人へ流す。この作詞の遊戯が行われた後で、別室で開かれた宴を「蘭亭の宴」または「曲水の宴」といったのだろう。

したがって、国書から採用されたのか、従来どおり中国の古典から採用されたのかの結論は非常に難しいと思っている。
それでも、植物文化をライフワークとし、現在、「万葉植物」を研究している一人として、『万葉集』の中から選ばれたということは、殊の外、嬉しい限りである。旅人をはじめ、当時の人々が、中国の古典に学び、深く理解していたということも、現代の私たちが学ぶべきことだろう。

**〈『万葉集』の本文からの引用〉**

梅花の歌三十二首（あわせて序）

天平二年正月十三日、師老の宅に集まりて、宴会を申《の》ぶ。時に、初春令月、気淑《よ》く風和《やは》らく。梅は鏡前《きょうぜん》の粉《こ》を披《ひら》き、蘭《らん》はは い後（帯の飾り玉）の香を薫《かを》らす。しかのみあらず、曙《あけぼの》の峰《みね》に雲を移し、松は羅《うすもの》を掛けて…。詩に落梅の篇を紀《き》す。古今それ何ぞ異《こと》ならむ。宜しく園梅を賦して、いささかに短詠を成すべし。

【天平二年正月十三日、師老（大伴旅人）の邸宅に集まりて、宴会を開いた。折しも初春の好き月、気は麗しく風はやわらかである。梅は鏡の前の白粉《おしろい》のごとくに花開き、蘭は帯の飾り玉の匂い袋のように薫っている。そればかりか、明け方の嶺には雲が動き、松は…。漢詩には多く落梅の篇がある。昔と今とどうして異なろう。よろしく庭の梅を詠んで、いささかに和歌を作ろうではないか】

新元号についての安倍総理の説明では、梅花の歌三十二首の序文には「人々が美しく心を寄せ合う中で文化が生まれ育つという意味が込められている」「一人ひとりの日本人が明日への希望とともに、それぞれの花を大きく咲かせる」などという意味が含まれているということだが、上記の序文や三十二首の和歌を何度も詠んだが、こういう意味はどうしても読み取ることができなかった。

「梅花の宴」の歌のテーマは、「落梅」（散る梅の花）として、各自が歌を詠んだ。「落梅」という詩は、中国の楽府詩《がくふし》にある「梅花落」（梅の花散る）を意味し、辺境防備の兵士が、梅の花の咲いたのを見て、また一年の巡り来たことを知り、遠い故郷への思いや家族を思う、春正月の歌である。本来は、家族とともに梅の花の咲いた正月を喜び迎えるのである。それが、今は家族とも離れ、独りで梅の花を見ることになった寂しさを詠んだ歌ばかりである。とても、「人々が美しく心を寄せ合う中で文化が生まれ育つという意味が込められている」「一人ひとりの日本人が明日への希望とともに、それぞれの花を大きく咲かせる」という歌ではない。

この宴に参加した筑紫守であった山上憶良の次の歌もそのことを物語っているように感じられるがどうだろうか。

春さればまづ咲く宿の梅の花　独り見つつや春日暮れさむ　　山上憶良

【春が訪れると、まず最初に咲く梅の花。その梅の花を、私一人で見ながら、春の日を過ごすのであろうか】

この歌はおそらく、憶良個人の思いではなく、宴に参加した全員の心を代弁して詠んだのだろう。また、梅花の歌三十二首（あわせて序）の後に、「後に梅の歌に追ひて和《こた》へたる四首」という旅人の歌が追加されている。その一首を紹介する。

残りたる雪に交じれる梅の花　早くな散りそ雪は消ぬとも

【消え残る雪に交じって咲く梅の花よ、早く散らないでくれ。雪は消えてしまったとしても】

他の三首もさびしい感じの歌ばかりである。旅人はこの地で、悲しい出来事に遭遇した。愛する妻との死別である。彼の十三首もの亡妻挽歌の一つが次の歌である。

世の中は空しいものと知る時し　いよよますます悲しかりけり

【世の中は空しく悲しいものだと知ることで、私の心はますます悲しみを覚えることだよ】

確かに、大伴旅人は大宰府の長官として赴任した筑紫の地で、多くの優れた歌を残した。自然の美しさや都への憧憬を表現した個性的な歌人である。三十二首の歌の中にあるものは、宴会の客を迎える主人としての歌は、確かに、梅の散る花びらを雪のようだと感動的に詠っている。また、冬の梅は、中国の六朝・初唐時代の詩人たちにより、度々詠われたモチーフであった。その影響を受けた旅人は、日本最古の漢詩集『懐風藻』の中でも、梅と雪の詩を載せている。梅は、中国の影響を受けた旅人を筆頭に、奈良時代の文化人の間に、もてはやされたものと思われる。そのため、梅は主に、当時の都である奈良や筑紫大宰府、難波、それに地方の国府や渡来人系の人々の多く住んでいた地域に植えられたものと思われている。旅人の父の安麻呂には梅を詠んだ歌がない。このことからも、当時、梅が中国から渡来したばかりで急速に増えていったことがよく分かる。

しかし、旅人はこの梅花の宴を開いた時、すでに六十歳を過ぎていた。それまでも山上憶良を歌の師匠として、歌を詠んでいたが、妻が亡くなった以後に特に熱心に歌を作ったといわれている。歌を作ることが妻亡き後の〝唯一の慰め〟になっていたのだろう。『万葉集』には家持、柿本人麻呂に次ぐ、第三位の七八首も収められている。これも、常に亡き妻への思いがあったからだろう。大宰府の長官として二年間務めた旅人は、大納言に昇進し帰京できたが、そのわずか半年後の天平三年（七三一）七月に逝去した。没年六十七歳。なんと、大宰府で梅花の宴を開いた翌年だったのである。

過去を遡ると、大伴家は、朝廷を守る有力な一族だったが、藤原家の勢力が強まるにつれ、弱くなっていったのである。大伴家宗家であった旅人は大納言まで何とか出世できたが、子の家持は中納言止まりである。

また、この序文に出てくる梅も蘭も、そして松もすべて、中国から渡来したものと言われている。蘭はフジバカマである。開花は秋だが、茎や葉は乾くと芳香を放つのである。帯の飾り玉に添えた匂い袋の香を「蘭」の香の喩えとしたのであろう。「蘭」についての説明は「蘭亭序」にもある。秋の七草の一つであるが、実は外来植物だったのである。秋の七草を詠んだ山上憶良も梅の宴に参加した一人だが、フジバカマを選んだ理由は、遣唐使で唐に行き、この花に深い思いがあったからだろう。

以上より、今回、新元号の出典として選ばれた梅花の歌三十二首（あわせて序）は、「人々が美しく心寄せ合う中で文化が生まれ育つ」という意味が込められているというより、むしろ「日本の（植物）文化が如何に、中国文化に影響され、発展してきたかを物語っている」といったほうが正解だろう。日本と中国との交流を振り返れば、遣隋使、遣唐使に象徴されるように、大国中国に仕える属国日本、そして南京虐殺に象徴される日本帝国の中国侵略等々の厳然たる歴史がある。それらの上に、今こそ「対等平等の真の隣国同志」になるということ、実はこれはこれまでに一度もなかった理想的な関係であるが、その理想を実現させることが一番大切な願いではないだろうか。これから起こる核戦争に勝者も敗者もない。すべてが敗者となり、人類の滅亡を意味する。

「一人ひとりの日本人が明日への希望とともに、それぞれの花を大きく咲かせる」ということはもちろん大切である。課題はそれを可能にする日本にすることである。

# 第二章　時代区分と代表的歌人

『万葉集』の歌が作られた実質的な時代は、飛鳥時代の舒明天皇（六二九年即位）の治世から、奈良時代の天平宝字三年（七五九）の家持の歌（『万葉集』最後の歌）に至る約一三〇年間である。この『万葉集』の詠まれた時代区分については、いくつかの説があるが、主として歌風の変遷により、現在では、四つの区分に分けたものが通説になっている（一九三二年、澤瀉久貴孝・森本治吉説）。

時代区分ならびにそれぞれの時代区分の代表的な歌人の和歌を順次紹介するが、四つの区分に入らない〝古万葉〟の時代と言うべき序章の歌から紹介し、次に四つの区分について説明する。

『万葉集』は現存する日本最古の歌集である。全二〇巻に収められた歌は、長歌・短歌、その他を合わせて四五〇〇余首。その巻一の巻頭を飾るのは、雄略天皇作と言われている次の長歌である（実際には、雄略天皇に模し、編集に関わった後の人の代作とされている）。

スミレ

籠《こ》もよ　み籠持ち　掘串《ふぐし》もよ　み掘串《ぶくし》持ち　この岡に　菜摘ます児　家聞かな　名告らなね　そらみつ　大倭《やまと》の国は　おしなべて　吾こそをれ　しきなべて　吾こそ座《ま》せ　我こそは　告《の》らめ　家をも名をも

【(籠よ）籠を持ち、掘串（土を掘るクイ）を持って、この岡で、菜をお摘みの娘さん、あなたの家は何て言うの？　あなたの名は？　さあ名告《なの》ってくださいね。さて、この私はと言うと、この大倭《やまと》の国は、しっかりと、私が領有しているのさ。はっきり取り仕切って、私が収めているのさ、私の家も名も、ざっとこう名乗っておこうよ】

この長歌の作者といわれる雄略天皇は、第二十一代の天皇。允恭《いんぎょう》天皇の第五皇子。「治天下大王」との君子号を名乗り始めた五世紀後半の古墳時代を代表する天皇である。豪放、勇武で、『古事記』『日本書紀』には数々の「怒りの物語」を伝えている。半面、この長歌のように、処女《おとめ》に対する多くの求婚説話と歌とが伝えられ、人々に慕われた愛すべき性格の持ち主の天皇だったようである。

今ならセクハラで訴えられるが、雄略天皇は美しい村嬢《むらおとめ》に出会うと、誰かれなく求婚した天皇のようで、微笑《ほほえ》ましい。名を聞くことは、もちろん求婚の意思表示であった。

# 一　第一期　舒明天皇即位（六二九年）～壬申の乱（六七二年）

『万葉集』の第一期は、いわゆる「夜明けの時代」。政治的には、舒明天皇の時代から、古代日本の画期をなす大化の改新（六四五年）を経て、古代最大の内乱「壬申の乱」に至るまでの激動の四十年余である。この時代を牽引《けんいん》した天皇は、舒明、斉明、天智、天武らである。

なお、本書は『万葉植物秘話』なので、植物を詠ったものを中心に紹介するが、説明をするうえで、植物がなくても、動物・気象・地震・地質などの自然を詠ったものも取り上げることを予めご承知おきいただきたい。それらにも学ぶべきものがあるはずである。

## （1）額田王

この時代を代表する最大の歌人と言えば、宮廷に侍り、斉明、天智、天武の三人の天皇と親しく交渉を持ち、呪力と力強さに満ちた一二首（短歌九首、長歌三首）の歌を作って人々を鼓舞し慰めた歌人と言われた額田王だろう。系統は不明だが、皇族の一人だろうと言われている。幼い頃、宮廷に入り、大海人皇子（後の天武）と結ばれて十市皇女《とをちのひめみこ》を生み、皇極太上天皇（斉明女帝）に近侍したと言われている。

その後、何と、大海人皇子の兄の天智天皇に召されたのである。まずは、代表的な二つの和歌を紹介する。

『万葉集』に見える額田王の最初の歌は、大化四年（六四八）の次の歌である。

①　秋の野のみ草刈り葺《ふ》き宿れりし　宇治の宮処《みやこ》の仮庵《かりいほ》し思ほゆ

【秋の野の草を刈り取って屋根を葺き、旅の宿とした宇治の宮、その宮の仮の庵が思われる】

仮の庵を思い出しているのは額田王だが、この歌は天皇を中心とする儀礼の場で、彼女が皇極太上天皇（天智・天武天皇の父）の代わりで歌を作ったとも言われている。身分並びに作歌力も『天皇代作者』となれる立場だったのである。

②　額田王、近江天皇を思ひて作る歌

君待つとわが恋ひをればわが屋戸の　すだれ動かし秋の風吹く　額田王

【いつお出でになるかと心待ちしていると、戸口の簾が揺れ動く。秋風がそっと簾をゆすっているだけなのに】

額田王は最初大海人皇子の妃だったが、大海人皇子の実兄・天智天皇（近江天皇）の妃の一人となったのだ。風の起こすほんのわずかな簾の動きにも、もしや、と心揺さぶられる天智天皇を思う女心をごく自然に詠んでいる。

また、誰でもが知っている有名な歌と言えば、次の歌だろう。彼女の力量を示す恋歌である。

③　蒲生野に遊猟しましし時に詠まれた贈答歌

あかねさす紫《むらさき》野《の》行き標野《しめの》行き　野守《のもり》は見ずや君が袖振る　額田王

【美しい紫色を生む紫草の野、この御料地（標野）を、あちらへ行き、こちらへ行きして、しきりにわたしに袖をお振りになっている。なんと大胆なお方、野の番人が見ているではありませんか】

第一期末の天智七年（六六八）五月五日、近江の都（大津京）から一日の行程の蒲生野において、天皇や廷臣総出の薬狩り（薬草を採集する行事）が行われた。君とは、かつての夫の大海人皇子（後の天武天皇）である。この場には天智天皇もいたのである。高校時代の国語（古文）の時間に、国語担任の説明を聞きながら、〝ドキドキ・ハラハラ〟胸おどらされたことを、昨日のことのように思い出す和歌である。

アカネはその根が赤い（橙色）ので、そう名づけられた草の名。アカネの根で染めた色を茜《あかね》色と呼ぶ。古代のアカネ染めの色は、牧野富太郎先生の説明によると、「黄赤色で、ちょうど絹の褪《あ》せたような紅色」としている。万葉染色の研究家・上村六郎氏は、「柿の熟した時の最も赤い色ほどの赤味である」と言われている。

アカネは、大和の野山や畑の隅など、どこにでも見られるつる草である。茎や葉に目に見えない小さな棘がある。茎が四角であること、葉が四枚輪生しているように見えること（実は一対は托葉）が特徴である。

「あかね」は『万葉集』に一三首出てくる。「あかねさす」のすべてが、「紫」とか「照る」とか「月」とかなどにかかる枕詞としてである。「さす」は色が美しく映える意味で、茜色に照り映えるものにかかる。この歌の如く紫にかかるのは、古代の紫は赤味がまさっていたからである。アカネは、大和の野山や畑の隅など、どこでも見られるつる草である。葉が四枚輪生（偽輪生）のように見えるが、正確には四枚のうち向き合った二枚が本当の葉で、他の二枚はその托葉である。本当の葉の柄のもとからは枝や花序が伸び出しているので分かる。

**〈植物メモ〉**

**◎アカネ（アカネ科）**

本州、四国、九州および朝鮮半島から台湾、中国、ヒマラヤ、アフガニスタンの暖帯に分布。山野に生えるつる性の多年草。根は太くひげ状。茎はよく分枝し四角形で逆刺がある。葉は長さ三〜七㎝。花は夏から秋、径三・五㎜ほど。和名「茜」は根が赤いことによる。根は染料として茜染に用いられた。また、利尿・止血・解熱強壮剤としての薬効もある。

## （2）大海人皇子（天武天皇）

上記の額田王の歌に唱和し、大海人皇子の詠じたのが次の和歌である。大海人皇子についての詳しい説明は不要だろう。舒明・皇極（斉明）天皇の子。後の天武天皇で、天智天皇の同母弟である。

紫のにほへる妹を憎くあらば　人妻ゆゑに我恋ひめやも　　大海人皇子

【紫草の根で染めた紫色、それほどにも美しいヒトよ、もしあなたを厭《わずら》わしく思うなら、人妻であるのを知りながら、どうしてわたしが恋することがあるだろうか】

大胆率直な秘密の恋の告白だと思った。これを聞いた兄の天智天皇はどう思ったのだろう。この額田王をめぐる確執（三角関係）が、「壬申の乱」を引き起こす原因になったという説明を聞き、納得したような覚えもある。

しかし、最近の『万葉集』研究によると、天智天皇と大海人皇子との間にそれほどの不和はなかった。むしろ、良好の兄弟関係だったとされるようになっている。大海人皇子にとり、額田王は確かに愛する妃だったが、当時皇太子だった大海皇子が天智天皇に請われ、不思議なことではあるが、納得の上で、譲ってしまったのだろう。

だからこの宴席でも、陽気に盛り立てる「唱和」（相手の作った歌に合わせて歌を作り、互いにやりとりすること）になったのだとしている。この唱和の歌は、狩猟のときの宴席の歌である。「野守は見ずや」【野の番人が見ておられますよ】と言っても、余興であり、あけひろげの気持ちでの戯れなのであろう。「君が袖振る」も、大海人皇子の舞いぶりに絡んで言っている。いかにも四十女（平均年齢が今よりずっと低い時代だから、今のアラフォーよりずっと年上の老女？）の場馴れした演技と言ってよいだろう。

それに対する大海人皇子の歌も、額田王の即興の戯れに即座に、しかも巧妙に応じたゆとりさえ感じる。

天智天皇と大海人皇子との間にそれほどの不和はなかったと前述した。ただし、「壬申の乱」の要因に、天智天皇が晩年になってから、成長した実の子である大友皇子を見て、皇位を弟の大海人皇子でなく、大友皇子に譲りたくなったのも事実だろう。これも自然な親心であろう。そんな心情から、これまでなかった太政大臣を設立し、大友皇子をこれにあてたのだろう。

ただし死を目前にし、弟の大海人皇子が皇位の継承を断ることを前提にし、形の上で、後を継ぐように命じたのも事実であろう。実際、大海人皇子はそれを断り（断らなければ殺されていたという説もある）、出家し、吉野に隠遁してしまった。しかし、身を退いたとはいえ、皇位を虎視眈々と狙っていたのも事実であろう。そのため、天智天皇の死後、皇位継承をめぐって叔父（大海人皇子）から蜂起し、争う気のなかった甥（大友皇子）に挑戦して始まった争いというのが事実のようである。

世に伝わっている「壬申の乱」の様子は、勝利者である大海人皇子が天武天皇となり、編纂させた『日本書紀』に書かれた内容であるので、そのまま信じるのは要注意である。歴史を学ぶときには、勝者が敗者を裁いて作られた歴史が数多くあることに注意しなければならない。最近では、実際には唐や新羅などとの外交との関係も深く関わっていたと言われるようになってきている。天武天皇の妻である後の持統天皇の影響力もかなりあったと見られている。

なお、天皇制国家を完成させ、「大君」という言葉を「天皇」という名に、「倭（大和）」に代わり「日本」という国名を初めて使ったのも天武天皇だということも知っておくべきだろう。

〈植物メモ〉

◎ムラサキ〈ムラサキ科〉
北海道から九州まで、および朝鮮半島、中国、アムールに分布。山地の草原の傾斜地に生える多年草。茎は高さ三〇〜六〇㎝、茎や葉に粗毛がありざらつく。葉は長さ三〜七㎝。花は初夏、合弁花冠は白色で径四〜八㎝あり、高盆状。太い根は薬用。名は根を干して紫色の染料にしたから。昔は武蔵野を代表する野草だったが、現在は絶滅危惧種に指定され、見ることが稀になってきている。

## 二 第二期 壬申の乱〜奈良遷都〈和銅三年(七一〇)〉

六七二年六月、前年末の天智天皇の臨終に際し、大津京を離れ、吉野に逃れていた大海人皇子が兵を挙げ、東国と飛鳥を掌握したのちに近江大津京に攻め入った。これに対し、大友皇子が率いる近江朝廷方は、対応が後手に回り、大津瀬田川の戦いで敗れ瓦解。大友皇子が自害し、近江朝廷は滅亡、大海人皇子方の勝利に終わった。

勝利した大海人皇子は、同年九月、飛鳥に凱旋し、新たに飛鳥浄御原宮《あすかきよみはらのみや》を造営し、翌六七三年二月、ここで即位した。天武天皇である。正式に「天皇」という呼称で呼ばれるようになった初めての天皇だと言われている。天武天皇は、新たに王朝を創始するにふさわしい偉大な天皇として、人々に畏敬されていたのであろう。

そのわけは、第一に父母ともに天皇（父・舒明天皇、母・皇極＝斉明天皇）で、同じ父母を持つ天智天皇の皇太子でもあったこと。第二に、壬申の乱のとき、わずか三〇人の軍勢で吉野を発ちながら、素早い行動と的確な指導力で、たちまち強大な勢力を得、一か月で近江朝廷を滅亡させた英雄であること。自らの政権に一人の大臣も置かず、皇后・皇女らと、独裁的な権勢をふるい、律令国家を建設させたことなどにより、天皇の神格化が進んでいった。

壬申の乱が平定されたときに詠われた歌二首のうちの一つが次の歌である。

大君は神にしませば赤駒の　はらばふ田居《たゐ》を京師《みやこ》となしつ　大伴御行《みゆき》

【大君は神であられるので、赤駒が腹まで漬かるような田を造成して、都を作り上げられた】


いずれにしても、壬申の乱を勝ち抜いた天武政権は権力、財力、組織力を掌握し、巨大な力を持つ現人神《あらひとがみ》とまで讃えられる存在の天皇になったことがよく分かる。御行は大伴一族である。

第二期の代表的歌人は、もちろん柿本人麻呂、高市黒人、山部赤人、大伴安麻呂らである。

## （1）柿本人麻呂

藤原京時代の宮廷詞人で、後世から「歌聖」と仰がれている人麻呂は、歌全体も多いが、草木を詠んだ歌も多いので、それらを三つ取り上げよう（順不同）。但し、人麻呂については生没年不明など、分からないことも多い。

① ささの葉はみ山もさやに乱《さや》げども　吾は妹おもふ別れ来ぬれば

【笹の葉は山全体を揺らすようにさやさやとそよいでいるけれど、我はただ、一心に彼女のことだけを思う、別れてきてしまったので】

この歌は、かつて官人として石見国（現在の島根県西部地方江津《ごうつ》市付近）に滞在した人麻呂が、「現地妻」と別れ、都に上ってきたときに、後ろ髪をひかれる思いを歌ったものである。ところが、近年の研究では、持統天皇の後宮の女官たちのリクエストで創作された歌だという説もある。

② み熊野の浦の浜木綿百重なす　心は念《も》へど直に逢《あ》はぬかも　柿本人麻呂

【み熊野の浜辺に生える浜木綿、その幾重にも重なっている葉さながら、心では幾重にもひたすら恋い焦がれているのに、ああ、じかに逢うことができないとは】

み熊野は、現在の紀伊半島南部、三重県から和歌山県にかけての海岸である。恋の嘆きをひと息に述べ、歌を引きしめている。人麻呂の力強さをよく示している歌である。

ハマユウの名の由来については、本居宣長が『玉勝馬』に「白く垂れる花の姿が木綿《ゆう》に似ているからであろう」と記している。木綿とはコウゾ（クワ科）の樹皮からとった白い繊維のことである。ハマオモトは「浜万年青」で、常緑で帯状の葉がオモトに似ていることによる。

③　春さればしだり柳のとををにも　妹《いも》は心に乗《の》りにけるかも　柿本人麻呂

【春になると枝垂れ柳がたわたわとしなう。同じように私の心もたわたわとしなう。愛しいひとよ。お前は乗ってしまった、私の心の上に】

「心に乗る」という表現は、古代人が好んで使ったものと言われているが、心という目には見えないものの上で、美しい恋人が軽やかに揺れていることよ、と詠ったものであろう。

**〈植物メモ〉**

**◎ミヤコザサ（イネ科ササ属）**

ササはササ類の総称だが、ここでは当時の都付近で普通に生育していたミヤコザサを取り上げる。ミヤコザサは太平洋側に広く自生する日本特産の多年草。茎は高さ五〇～七〇㎝。葉は長楕円状の披針形で、薄く軟らかい。万葉の時代には、細くて小さいもの、あるいは単に小形のものを「ササ」と呼び、大形のものを「タケ」と呼んでいたといわれている。ササもタケも新芽を〝竹の子〟と言うが、一般的には生長した時、皮（鞘）を落とすものをタケ、落とさないものをササと称している。

**◎チマキザサ（イネ科ササ属）**

後述するが、大伴家持が国司として赴任した越中で詠った歌の中にあるササは、本種と思われる。現在、富山県の名物となっている「ます寿司」で使われるササはも本種である。チマキザサは、日本各地および千島、サハリンの暖帯上部から温帯に分布。本州では日本海側の山地に群生。稈の高さ一～二m、径七㎜ほど。基部でまばらに分枝。竹の皮は宿存性。葉は稈の先に五～九枚集まってつき、長さ一〇～三五㎝で革質、無毛か裏側に短毛がある。葉の緑は冬に多少枯れる。花は夏、時に開花する。和名は〝葉で粽（ちまき）を包む〟ことから。

**◎ハマユウ・ハマオモト（ヒガンバナ科）**

関東以西、四国、九州、琉球列島、済州島に分布。海岸の砂地に生える常緑の多年草。種としては熱帯アジアまで広く分布。北限は年平均気温一五℃線と考えられている。偽茎部は高さ五〇㎝ほど。葉は先に行くほど肉厚で滑らか。花は夏、高さ七〇㎝ほどの花茎に十数個を頂生、芳香がある。種子は非常に大きく、長期間乾燥しても発芽する。別名は白色の葉鞘により「浜木綿」と書く。

**◎シダレヤナギ（ヤナギ科）**

中国原産。古い時代に伝来し、庭木、街路樹、並木、生花、また材は細工などに用いられ、広く植栽されている落葉高木。高さ三～一〇m、幹は灰黒色で縦に裂ける。枝は柔軟で下垂し、風になびく。葉は互生、長さ五～一二㎝、裏面は帯白色。早春、葉が伸びきらないうちに花をつける。雌雄異株。花穂は曲がり、長さ一～三㎝。中国では、ヤナギを表す漢字には「楊」と「柳」があるが、垂れ下がるシダレヤナギは「柳」の字を、他の垂れ下がらないヤナギを「楊」の字を使うのが普通である。日本では、必ずしもそのように統一して使用されていない。

### （2）高市黒人

高市黒人は、藤原朝の歌人。柿本人麻呂と並び、旅の情景歌に定評があり、後の山部赤人の歌風の先駆者と言われている。

とく来ても見てましものを　山城の高の槻《つき》群散りにけるかも

【もっと早く来て見ておけば良かったものを。山背の多賀の欅林は、紅葉が終わって散ってしまった】

人麻呂が出会いを求めている姿勢だとすると、「欅の葉は散ってしまった」というから、黒人は逆に出会いを避けているように見える。

**〈植物メモ〉**

**◎槻・ケヤキ（ニレ科）**

本州、四国、九州および台湾、中国の温帯から暖帯に分布。山地に生え、寺院の境内によく植栽される関東地方に多い落葉高木。高さ三〇m、径二mになる。花は春、新葉と同時。雌雄同株で雄花は若枝の下部の葉腋、雌花は上部葉腋につく。材は建築、家具、船舶などに用いられる。和名「ケヤキ」は「けやけき木」で、「目立つ木」という意味。現在では、神社になくてはならない樹木になっている。ケヤキのない神社はないほどである。ケヤキの古名は「ツキ（ノキ）」で、『万葉集』にも九首。小槻《おつき》神社、槻《ツキノキ》大社、槻《ツキノキ》神社などと「槻」の字の入った神社も多い。「神の斎槻」という言葉もあるくらいに神聖視された神木である。

## （3）山部赤人

①　若の浦に潮満ち来れば潟《かた》を無《な》み　葦辺《あしべ》をさして　鶴《たづ》鳴き渡る

【若の浦に潮が満ちて来て、干潟がなくなった。そのため鶴たちはほかの葦辺へ向かって、鳴きながら飛び立って行く】

神亀元年（七二四）十月頃、赤人は聖武天皇の紀伊行幸に随行した。この歌は、その折の長歌につけた反歌である。「若の浦」は和歌山県南部の湾岸一帯の地。「潟」は「干潟」。「潟を無み」は潮が満ち、干潟でなくなったから。「鶴」は古代の日本人にとっては「鳴く」「鳴き渡る」姿で、誰からも親しまれている。葦辺は「アシの生えている海辺」である。

※聖武天皇：第四十五代天皇。在位は七二四～七四九年。光明皇后とともに仏教を深く信じ、奈良の都に東大寺を建立し、全国各地に国分寺・国分尼寺を置いた。

②　ぬばたまの夜の更《ふ》けゆけば久木生ふる　清き川原に千鳥しばなく

【とっぷりと夜が深まってゆくと、楸（久木）などの木々が姿よく生えている川原に、千鳥がしきりに鳴いている】

「ぬばたまの」は「夜」「黒」「闇」「夢」「夕」などにかかる枕詞。ここでは「夜」。木偏に秋「楸」（久木）は「アカメガシワ（赤芽柏）」といわれている（「キササゲ」という説もある）。この歌は、当時吉野の宮滝の近くにあった離宮への行幸に随行した赤人が、周辺の風物を讃えて詠んだものである。歌は夜の感動を詠っている。同行の人々がすでに寝静まった夜更けに、赤人は一人で月明かりの道を象台に向かったのだろう。深い夜の中で耳も〝シーン〟と澄んでいったのだろう。その静けさの中で、シロチドリだろうか、ピュル、ピュルと澄んだ声で鳴いていたのだろう。

ちなみに、木偏に春は「椿《ツバキ》」、木偏に夏は「榎《エノキ》」、木偏に冬は「柊《ヒイラギ》」である。

アカメガシワで思い出すのは、南北に長い長野県の気象のことである。一般的には、北に行けば寒くなり、南に行けば暖かくなる。ところが長野県では、南に行っても北に行っても暖かくなる。その一つの例として、本種のアカメガシワも私の住む長野市周辺では見られないのに、南の木曽地方に行っても、北の新潟県に行っても生育が確認できることが挙げられる。長野市は木曽地方や新潟県より高地だから。

なお、枕詞に使われている「ぬばたま」は「ヒオウギの実」で、『万葉集』では、八〇首もの歌に詠われている。しかし、ヒオウギの花の美しさを詠った歌はない。これも不思議なことの一つである。

## ③　勝鹿《かつしか》の真間の入江にうち靡《なび》く　玉藻刈りけむ手児奈し思ほゆ

【葛飾の真間の入江の波になびく美しい藻を刈ったという、美しい手児奈の姿が偲ばれることだ】

真間は、現在の千葉県市川市国府台《こうのだい》の南で、当時は海の入江になっていたのだろう。一度訪ねたことがあるが、手児奈堂や手児奈の墓と伝えられるものが残っている。ただし、真間の手児奈はあくまでも伝説上の女性である。美しかったので、多くの男に求婚され、競争に耐えないで入江に投じて死んだ男もいたという。後世、男を拒み通した処女とされるに至ったが、この赤人の手児名は、この歌からも分かるが、すでに男を持ち、入江で藻を刈っていたのであろう。

私事だが、K音楽大に進んだ教え子のYが、ミュージカルオペラ「真間の手児奈」において主役の手児奈に選ばれ、熱唱した姿が浮かんでくる。Yは適役であり、我がことのように嬉しかった。その後、立派な母親になった時、我が故郷に訪ねて来てくれたことがある。最近、〝ばば〟になったとの便りも送られてきた。教師とは、数多くの人生ドラマを〝唯〟で見せてもらえる幸せな職業であると実感したことを覚えている。万葉の時代の我が故郷の「手児奈」もきっと超美人だったのだろう。

藻類の仲間を具体的に挙げると、日本人が昔から食用としていたと思われるものだけでも、ワカメ、コンブ（ヒロメ）、ヒジキ、ホンダワラ、テングサ（マクサ）などの五種が、すぐに挙げられる。このうち、コンブ（ヒロメ）、ホンダワラ（ナノリソ）、テングサ（マクサ）の三種については、すでに拙著『植物行事秘話』に詳しく述べたので、ここでは、それ以外のワカメ、ヒジキの二種の〈植物メモ〉を記すことにする。

## 〈植物メモ〉

**◎アシ・ヨシ（イネ科）**

世界に広く分布。日本各地の沼、川岸に生える多年草。高さ二～三m。根茎は扁平で泥中を横に這い、節から互生し、長さ五〇㎝、幅四㎝ほど。縁はざらつく。花は秋、多数の小穂からなる円錐花序を出す。小穂花軸は長い絹毛がある。若芽は食用になる。和名は稈《はし》の変化したもの。「悪」に通じるので別名「ヨシ」。漢名は「蘆」。

**◎アカメガシワ（トウダイグサ科）**

秋田県以南、四国、九州、琉球列島および朝鮮半島、台湾、中国に分布し、山野に普通に見られる落葉高木。伐採跡などの二次林に多い。高さ五mに達する。生長が非常に速い。若い枝や葉に細かな褐色の星状毛が密生する。葉裏に黄色の腺点がある。花は夏、雌雄異株。和名は、芽が赤いことから「赤芽槲」。また、昔はこの葉に食物をのせたので「五菜葉」「菜盛葉」とも呼ばれる。

**◎キササゲ（ノウゼンカズラ科）**

庭に植栽され、時に河岸などに野生化している中国原産の落葉高木。高さ五～一五m、樹皮は灰褐色で縦に裂け目がある。葉は長さ一〇～二五㎝。花（淡黄色）は初夏、萼は二深裂、雄しべは二本が完全、三本は短く葯を持たない。蒴果は秋に長さ三〇㎝ほどになり、梓実といい、利尿薬となる。和名は「果実がササゲに似ている木」の意味。類似種に、アメリカキササゲがある（花は白色）。

**◎ヒオウギ（アヤメ科）**

本州から琉球列島および朝鮮半島、台湾、中国、インド北部の暖帯から亜熱帯に分布し、海岸や山地の草地に生える多年草。高さ五〇～一〇〇㎝。花は夏から初秋、径五～六㎝で内面に濃い暗紅点が多数ある。観賞用としても栽培され、園芸品としてベニヒオウギ、キヒオウギ、ダルマヒオウギなどがある。和名の「檜扇《ひおうぎ》」は葉形から。漢名「射干」。

〈藻類〉

◎**ヒジキ（ホンダワラ科）**

ヒジキは、日本で最も商用とされる海藻である。太平洋側に多く、日本海沿岸では稀。増殖（種播き、雑藻駆除、根の保護の三つの方法）による栽培が行われている。なお、コンブのことを「昆布」と書くが、実は、これは間違い。昆布は実はワカメである。

◎**ワカメ（チガイソ科）**

ワカメは全国のほとんどに分布するが、九州南部から本州の太平洋岸の黒潮の影響が特に強い地域と、寒流の流れる北海道東部には生育しない。ワカメの葉は広楕円形で、その中央には扁平が櫛の歯状に切れ込んでいる。また、表面には無色の小さな毛の集まりが点在している。ワカメは昔から天然に生育しているものを採取してきた。日本で養殖が始められたのは戦後の一九五五年頃より後のことである。現在はほとんどが養殖栽培により生産されている。

## （4）大伴安麻呂

右大臣長徳《ながとこ》の子。旅人の父。家持の祖父。壬申の乱に功があった。奈良朝の大納言兼大将軍。佐保大納言卿ともいう（～七一四年）。

①　神樹《かむき》にも手は触るとふをうつたへに　人妻と言へば触れぬものかも

【神木にだって手を触れることがあるというのに、人妻と言えば、ひたすら手をふれないものかねえ】

人妻に送った歌。神樹は、標《しめ》を結いめぐらした神社などの神木で、主に「杉」である。大胆にも率直に求婚の意を表明した歌である。さすが旅人の父で、大伴氏の長である豪快さがある。杉の歌は『万葉集』に一〇首ある。もう一首、紹介する。

②　味酒《うまざけ》を三輪の祝《はふり》がいはふ杉　手触れし罪が君にあひがたき　丹波太女郎女《たにはのおほめいらつめ》

今でも酒屋の軒下には杉玉（スギの葉で作られた玉）が吊るされている。古代から三輪の神は酒の神であったので、三輪の枕詞は「味酒」だった。三輪神社の神木は杉で、神の使者の白蛇がその根に住むという霊木である。

この歌は、「触れてはいけない杉に触れたためか、近頃キミに会えない」と嘆いている歌である。作者の女性がどんな人かは不明である。

〈植物メモ〉

◎スギ（スギ科）

日本特産。本州、四国に分布し、九州にはわずかに見られる。秋田、高知に大天然純林が、屋久島には樹齢千年以上の縄文杉がある。広く植林される常緑高木。高さ四五m、径二mにもなる。樹皮は赤褐色で縦に長く裂けて剥がれる。葉はらせん状に並ぶ。雌雄同株。花は春、前年の枝につき、雌花は緑色で下向き。和名は「直木」または「すくすくと立つ」の意。花粉症を引き起こす木でもある。日本固有種であることも忘れないでほしい。

## 三　第三期　奈良遷都～山上憶良没年〈天平五年（七三三）〉

この時代の代表的歌人と言えば大伴旅人、大伴坂上郎女、山上憶良らだろう。まずは、大伴旅人から取り上げる。

### （1）大伴旅人

大伴安麻呂の子。家持の父。神亀五年（七二八）頃、大宰帥《だざいのそつ》となって赴任し、天平二年（七三〇）、大納言になった。大伴氏の氏上《うじのかみ》であり、大将軍として遠征に従事したこともある。漢詩文にも通じ、老壮思想の影響が認められる。

① わが園に梅の花散るひさかたの　天より雪の流れ来るかも

【我が庭に散り始めた梅の花は、空から流れ降る雪であろうか。美しいことよ】

大宰府の長官の大伴旅人の館で、天平二年一月十三日、世に「梅花の宴」と呼ばれた宴が開かれ、筑前守山上憶良をはじめ、豊後、壱岐、対馬、大隅など、九州全域の官人が集まった。この歌は、宴の主人・旅人の詠じたものである（コラム①参照）。

旅人は、大宰府の長官として二年間務めていたが、大納言に任じられ、都に戻ることになった。この期間で一番辛く悲しかったことは愛する妻を亡くしたことであろう。彼には一三首もの亡妻晩歌がある。次の歌は、帰京する途次、大宰府に来るときは元気だった妻も見た鞆《とも》の浦（現在の広島県福山市鞆の浦海岸）で詠んだ歌である。

② 吾妹子が見し鞆《とも》の浦《うら》のむろの木は　常世にあれど見し人ぞなき

【妻が往路に見た鞆の浦のむろの木は、今も変わらずにあるが、これを見た妻はもはやこの世にいないのだ】

むろの木は、ヒノキ科の常緑低木のネズまたはハイネズと推定されている。変わることのない自然と、逆にはかない人間の生命との対比の鮮明さが、旅人の悲しさを引き立てている。

③　吾妹子が植ゑし梅の樹見るごとに　こころむせつつ涙し流る

【わが妻が植えた梅の木を眺めるたびに、心がせきあげて、涙が流れることだ】

最後は、奈良の我が家に帰りついてすぐに詠った歌である。妻を失うことほど、夫である男性にとって耐えがたい悲しみはないはずである。旅人の一三首もの亡妻挽歌は、この歌をもって終わる。そして、帰京してから半年後の天平三年（七三一）七月、大納言大伴旅人は逝去したのである。没年六十七歳。旅人がいかに妻を愛していたかがよく分かる。

現代の調査では、「妻を失った夫」は「その数年後に」、「夫を失った妻」は「その十数年後に」亡くなることが多いという。今も昔も妻を失った夫は弱い。「夫を失った妻は長生きできる」というデータもあるという。何故か？　男たる者、自戒すべき事実であろう。

なお万葉時代では、サクラより、中国から渡来したばかりのウメのほうが数多く詠われている。次の歌も有名である。

④　梅の花夢に語らく風流びたる　花と我思ふ酒に浮べこそ

【梅の花が夢に出てきてこういいました。わたしはこれでもみやびな花だと思ってるのよ、どうかお酒に浮かべてくださいね】

この作者については、定かではない。歌の意味からは、女性のように思われるが、大伴旅人説と大伴坂上郎女説とがある。旅人だとしても、「梅花の宴」の歌ではない。後日に何者かが作ったとされている。梅の花びらを浮かべているところがよく似ていることから、私は次に紹介する大伴坂上郎女説をとっているがどうだろう。

**〈植物メモ〉**

**◎ネズ・ネズミサシ（ヒノキ科）**

岩手県以南、四国、九州の丘陵地など、日当たりの良い痩せた土地に生える直立の常緑低木ないし小高木。高さ〇・五～一〇m。樹皮は赤褐色で灰色を帯び、老木では縦に裂ける。枝は横に出るが、小枝は下に垂れる。若枝は黄褐色。花は春、前年の枝の葉腋に単生。球果は緑色で熟すと紫黒色、薬用の「社松子」となる。別名「ネズミサシ」は「鼠の通路に置くと葉が刺すのでいい」ことから、和名はその略。特有な香気がある。類似種の「ハイネズ」は、日本各地の海岸に生え、地を這う性質のある常緑低木。

**◎ウメ（バラ科）**

中国中部の原産。花は観賞用、果実は食用として広く各地で栽培される落葉高木。九州の大分県で野生化している。高さ五～一〇mになる。花は早春、前年の枝の葉腋に葉よりも早く開き、芳果があり、通常白色の五弁花であるが、赤色のもの、八重咲きのものもあり、園芸品種は三〇〇を超える。和名は薬用による「烏梅（うめ）」、または「梅の漢音〈mei〉」から転訛したものと言われている。漢名は「梅」。

## （２）大伴坂上郎女

『万葉集』の女性歌人で、最も多くの歌を詠じた大伴坂上郎女が作った梅の歌を紹介する。彼女の生没年は不詳のため、「『万葉集』第三～四期歌人」となっている。大伴安麻呂の娘で、大伴旅人の異母妹、家持の叔母。さらに、家持は郎女の娘を妻にしているから、義母にもあたる。八四首は女性歌人のなかで第１位。

①　酒杯に梅の花浮け思ふどち　飲みての後は散りぬともなし

【梅の花をさかずきに浮かべ、楽しい仲間たちと今宵の宴に大いに楽しんだのちは、梅の花よ、散ってもよろしい】

「思ふどち」の意味は「心通い合う仲間」、つまり「仲の良い友達同士」。大伴坂上郎女は、気のあった者同士が梅花の下に集まり、酒宴を楽しみ、梅の花の命を愛惜しているのであろう。

②　思はじといひてしものをはねず色の　うつろひ易きわが心かも

【もう思うまいと思いましたものの、また恋をしてしまいました。ニワウメの花色のごとく変わりやすい私の心なのですよ】

『万葉集』中、四首出てくる「はねず」は、「ニワウメ」であると言われている。この花は花期も短く、この歌の歌意にもピッタリ。女性の甘美な恋心を詠ったものである。

**〈植物メモ〉**

**◎ニワウメ・コウメ（バラ科）**

観賞のために庭などに植栽される落葉低木。中国原産で古くに日本に渡来。歌に詠まれていることから、万葉時代にはすでにあったことが分かる。高さ一・五ｍほど、多くは分枝する。花は春、葉より早く、または同時に花開き、径一三㎜ほど、淡紅または白色。核果は生で食べられる。核は「郁李子」といって漢方薬。和名は「庭に植栽し、ウメのような花をつける」から。別名「コウメ」は梅に似た低木だから。

## （3）山上憶良

山上憶良は、遣唐使・粟田真人に従い遣唐少録として渡唐、帰朝後、筑前守となり、九州全体を治める大宰府長官だった大伴旅人の下で働いていた官人である。旅人の子である家持にも歌の面で、大きな影響を与えている。

妻を失い（実は、弟の死も知った）、失意のどん底にいた旅人に、神亀五年（七二八）七月二十一日、国守だった山上憶良が、長歌と反歌五首「日本挽歌」を献じた。憶良が旅人になり代わって、亡くなった妻への晩歌を詠ったものである。そのうち植物が入った二首を順次、紹介する。

次の歌は、憶良が四十五歳のときの作で、唐から帰るにあたり、従者たち、舟子たちに呼びかけた形をとった歌である。

①　大宝二年、大唐《もろこし》にある時、本郷《くに》を思って作った歌

いざ子等早く日本《やまと》へ大伴の　三津の浜松待ち恋ひぬらむ

【さあ、みんな、早く日本に帰ろう。大伴の御津の浜松が、おれたちを待ちこがれていよう】

上司にあたる大伴氏の領地が難波にあったので、「難波の御津」に枕詞的に冠したものであろう。日本を出発したとき、浜松の枝を結んで、平安を祈ったのだろう。浜の松はクロマツだろう（クロマツについては「有馬皇子」の項参照）。

②　妹が見しあうちの花はちりぬべし　わが泣く涙いまだ干《ひ》なくに

【妻が好きだった棟《おうち》の花は、もう散ってしまったにちがいない。妻を悲しんで泣く私の涙はまだ乾きもしないのに】

旅人の悲しみの心に寄り添ったこの憶良の歌は、きっと旅人の心を慰めたことだろう。
上記の歌と同じ神亀五年（七二八）の作に有名な「子等を思ふ歌」がある。

③　瓜食めば　子ども思ほゆ　栗食めば　まして偲はゆ　いずくより
来たりしものそ　まなかひに　もとなかかりて　安眠《やすい》しなさぬ

【瓜を食べると子どものことが自然に思われてくる。栗を食べるとなお一層偲ばれる】

反歌　銀《しろがね》も　金《くがね》も玉《たま》も　なにせむに　優《まさ》れる宝　子に及《し》かめやも

【銀も黄金も玉も、いったい何になろう。どんなにすぐれた宝も、子に及ぶものがあるだろうか。そんなものはない】

男親として子についての愛情を詠った歌は、『万葉集』ではこの一首のみである。人麻呂にも赤人にもない。ここには載せなかったが、序文には、釈迦の子を思う愛を説く言葉を引き、万人を救うため、家族を捨てた釈迦でさえ子を愛する心があるのだから、まして凡人が子を愛さないことがあろうかと述べ、仏教の愛執の戒めを超え、子への愛、ひいては人間の愛の尊さを歌い上げたものだろう。

④　富人の家の児どもの着る身無み　腐《くた》し棄《す》つらむきぬ綿らはも

【富んだ家の子は着物がたくさんありすぎて、着つくすにも体がたりなく、むざむざと腐らせて捨てているであろう。その絹よ、その綿よ】

憶良は、万葉歌人の中では実に際立って、率直に家族への愛や暮らしの貧しさ、病気のつらさなどを詠んでいる。この歌も、世の不公平を嘆く気持ちが正直に吐露されている。
なお、憶良の代表作の「秋の七草」を詠んだ歌は、後述する（第三章）。

### 〈植物メモ〉

**◎おうち・センダン（センダン科）**
四国、九州、琉球列島の海に近い山地に生え、庭木や緑陰樹として植栽される落葉高木である。台湾、中国、ヒマラヤに分布する。高さ七～三〇ｍ。樹皮は暗紫色で、枝を四方に広げ、葉は互生し、枝先に集まっている。花は初夏。若枝の葉腋に七～一五㎝の花序につく。核果は落葉後も残り、漢方で「苦楝子」といい、駆虫剤として使用される。古名は「オオチ」。漢名は「楝」。なお、「栴檀《センダン》は双葉《フタバ》より芳《かんば》し」のセンダンは本種ではなく、ビャクダン（ビャクダン科）である。

**◎瓜・マクワウリ（ウリ科）**
インド原産の野生種から発達したといわれ、シロウリやマスクメロンは本種の変種と考えられている。古くから（万葉時代にも）畑に栽培されていた一年生つる植物。花は夏に咲く。液果は黄緑色。香気があり、甘味があるので生食する。未熟果のへたは生薬の瓜帯で催吐剤にする。和名は、昔、岐阜県の真桑村が高級品の産地だったことから。

**◎クリ（ブナ科）**
北海道西南部から九州および朝鮮半島中南部の温帯から暖帯の山地に生え、また果樹として植栽される落葉高木。花は初夏、虫媒花で強い匂いを放つ。新枝の下部葉腋に雄の尾状花序を上向きにつけ、雌花はその基部につく。堅果は棘のある総苞に包まれ、秋に熟し食用になる。材はシイタケのほだ木などに使用される有用材。

## 四　第四期　山上憶良没年～天平宝字三年（七五九）一月一日

第四期は、もちろん大伴家持の時代である。第三期を代表する歌人・山上憶良が亡くなった天平五年（七三三）から『万葉集』最後の歌が詠まれた天平宝字三年（七五九）までの二十六年間である。

### （1）大伴家持

大伴家持の歌は四七九首（短歌四三一首、長歌四六首、旋頭歌一首、連歌一首）あり、『万葉集』の歌の一割強も占める。『万葉集』を代表する断トツの歌人である。

家持は神話時代以来の軍事貴族の名門・大伴氏の宗家嫡流としての強い誇りを持っていた。歴史的には、西暦五〇〇年代に、大連《おおむらじ》として朝廷を取り仕切ったのが最盛期で、その後は物部氏・蘇我氏の後塵を拝し、大化の改新（曾祖父・大伴長徳は右大臣）以降は新興藤原氏の台頭で、次第に影が薄くなってしまった。祖父・安麻呂、父・旅人はそれでも大納言まで進んだけれども、家持は従二位中納言で終わった。死後は一時除名されたことさえあったのである。

そんな厳しい位置に置かれた宗家嫡流の家持は、天平二十一年（七四九）、陸奥国から金が産出した際に出された聖武天皇の詔書の中で、大伴氏を「内兵（側近の兵士）」と表現したことに感涙し、次のような長歌を作った。家持の気持ちがよく分かる歌である。

①「陸奥国より金を出せる詔書を賀く《ことほ》歌」

……海行かば　水漬く《みづ》屍《かばね》　山行かば　草生す《む》屍　大君の　辺《へ》にこそ死なめ

顧みはせじと言立て《こと》　丈夫《ますらを》の　清きその名をいにしへよ　今の現《をつづ》に

流さへる　祖《おや》の子どもぞ

【……「(大伴氏とは）海を行くなら水漬く屍、山を行くなら草生す屍となっても、大君のお側で死のう、決して後悔はすまい」と誓って、丈夫としてのけがれなき名を、昔から現在まで伝えてきた祖先の末裔なのだ】

かつて、この引用部分前半には曲がつけられ、日本帝国海軍の軍歌「海ゆかば」として歌われていた。

家持といえば、国司として赴任した越中（現在の富山県から能登半島を含む北陸地方）で作ったいくつかの歌がすぐに浮かんでくる。彼が残した四七三首のうち、越中時代の歌が実に約半数の二二三首もある。最も有名なのが次の歌。

②　春の園紅にほふ桃の花　下照る道に出で立つ娘子《おとめ》　　大伴家持

【春の苑は美しい桃の花で紅色に輝いています。その赤く映える道に立つ少女の姿はなんと美しいことだろう】

春の園紅にほふ桃の花　下照《したて》る道に　出で立つ少女《おとめ》

【春の庭園にくれないの桃の花が照り生えている。その花の下の道には、くれないに染まらんばかりにひとりの乙女が立っている】

「にほふ」は「色が美しく照り映えている」という意味。家持は天平十八年（七四六）からの五年間、彼の壮年期に、越中の国司（長官）として赴任していたが、そこでの作。三十四歳の三月一日、春の園の桃と李を眺めて作った二首のうちの一首の「桃の花」である。美しい乙女は、ふと花影に見た家持の夢の精だったのだろう。『万葉集』にはモモの歌が九首ある。モモは古代に渡来した中国原産の落葉低木で、樹高は三ｍほど。四月初旬に葉が出るより先に、やや色の濃い淡紅色の花を開く。その後、結実し、初夏になると熟して食用となる。中国では、めでたい果実の一つで、邪気を祓う霊力があるものと信じられていたのである。

万葉歌人で、家持ほど草木を愛した人はいない。彼が詠んだ草木は五〇種類と、ほぼ確認できている。これは、約一五〇種類ある万葉植物の三分の一にもあたる。なかでも「カタカゴ」「スモモ」など一〇種ほどの草木は、家持だけが詠んだ種なのである。モモを詠んだ歌は七首あるが、作者の分かっているのは家持だけ。家持がこのように草木を愛したのは、大伴家が斜陽となり、意に満たぬ生活の日々の苦痛を、草木の歌を詠むことで慰めていたのかもしれない。

桃の花の歌は、題詞によれば天平勝宝二年（七五〇）三月一日の夕方、庭前の花を眺めて美的点景の一つとして少女を歌に詠んだのである。中国の詩文の世界で、春を代表する花はモモとスモモである。モモは古く中国から渡来した樹木だが、斎藤茂吉も『万葉秀歌』の中で、この歌を讃えている。家持も、自己の歌日記の中である巻十九の巻頭をこのモモの花で飾っている。

モモとスモモを合わせて「桃李」というが、NHKの朝ドラ「梅ちゃん先生」「わろてんか」等で活躍している俳優の松坂桃李さんの「桃李」はお父さんが付けてくれた本名とのこと。司馬遷の『史記』に出てくる言葉に因み、「桃や李の木は、実の香りに誘われたくさんの人が寄ってくる。そんな魅力的な男になってほしい」という思いを込めての命名だそう。二種の樹木を重ね、ちょっと欲張りのような気もするが、感動的な名ではないか。更なる活躍を祈る。

## ③　もののふの八十娘子《やそをとめ》らが汲みまがふ　寺井の上の　堅香子《かたかご》の花

【多くの少女たちが入り替わり立ち替わり水を汲んでいる寺の境内のきれいな泉のほとりにも、美しいカタクリは咲いている】

堅香子《かたかご》は、「カタクリ」のこと。「カタカゴ」は「傾いた籠」という意味で、花の形が似ているから。そのカタカゴが、「カタゴ」になり、ユリが付いて「カタゴユリ」となり、転訛し「カタクリ」になったというのが名の由来である。

早春に咲く美しい花の代表であるが、なぜか『万葉集』にはこの一首しかない。越中に赴任し、三日目の作である。大和の葛城山にもカタクリが自生しているはずなのに、越中で家持が詠んだこの一首のみ。ということは、大伴家持が越中の国司にならなければ、カタクリは万葉植物に入らなかったことになる。カタクリにとって「家持様々」であろう。それにしても、厳しい自然環境にある筆者の住む長野で見ることのできる美しい花のほとんどは万葉植物に入っていない。逆に言えば、そういう花を見られる私たち信州人は、本当は幸せと言うべきだろう。

家持を代表として、万葉人は本当に草木を愛した。野生のものだけでなく、美しい草木を自分の庭園に植えて楽しんだ。庭園によく植えられたものとしてはナデシコ、韓藍《ケイトウ》、ヤナギタデ（マタデ）、ツチハリ（メハジキ）、ヤマブキ、ユリ、オバナ、浅茅《チガヤ》、藤《フジ》、ハギ、竹、タチバナ、桜、梅、卯の花（ウヅキ）、馬酔木《アシビ》、カエルデ（カエデ）、スモモ、松、ヤナギ、モモなどが多い。

ここで、植物は出てこないが、家持の置かれた気持ちがよく分かる「うぐいす」を詠んだ歌を紹介しておく。

④　二十三日に興に依りて作る歌

春の野に霞たなびきうら悲し　この夕影にうぐいす鳴くも

【春の野に霞がたなびいてもの悲しい。この夕べの光の中で、うぐいすが鳴いている】

わが屋戸のいささ群竹《むら》ふく風の　音のかそけきこの夕《ゆうべ》かも
【わが庭の、ささやかな群竹を吹く風の音が、かすかに聞こえる。この夕刻よ】

うららかに照れる春日《はる》に雲雀有あり　情《こころ》悲しも独しおもへば
【うららかに照る春の日に、ひばりがさえずり、もの悲しい気分だ、ひとり思えば】

題詞にある「二十三日」は、天平勝宝五年（七五三）二月二十三日に詠った「春愁三首」といわれるものである。

窪田空穂が『万葉集評釈』の中で、第一首については、「作意は『うら悲し』という気分である」と言い、第二首については「家持の人生に対する気分というような、彼の魂に直接つながるものを感じさせる」と言い、第三首については「家持は社会的にも孤独感をもっていただろうし、また文雅の面でも孤独感を持っていただろうが、ここで言っている孤独感はそうしたものではなく、人間の本能として持つ孤独感だろう」と評している。前々年、少納言に任ぜられて越中から帰京し、奈良の自宅で作ったもの。新興藤原氏により、古き名門・大伴氏は衰退に向かい、憂愁の思いに閉ざされていた、そのときの気分を詠ったものである。家持は旅人の長子だが、母は、父・旅人の正妻の大伴郎女ではなく庶子であった。そんなこともあり、出世の望みも期待できなかったのである。そんな気持ちがこの三首の歌に潜んでいるのだろう。

⑤　あしひきの山の木末の寄生《ほよ》取りて　挿頭しつらく千年寿くとそ　大伴家持

【山林の大木の上の方の小枝に寄生しているヤドリギと取って、千年の長寿を祈って、髪に挿した】

宿り木は常緑で、冬も枯れないで、緑色を保っているおり、長寿の象徴として見られていたのだろう。

カタクリの歌と同じように、北陸の国司として赴任した国庁で行った宴で詠んだ歌である。「ほよ」は「ヤドリギ」のことである。家持がヤドリギに特別な威力があると感じていたからこそ歌ったのである。

西洋のクリスマスでもヤドリギが登場する。洋の東西の文化が共通するのがおもしろい。クリスマスでは、「セイヨウヒイラギ」や「モミ」（「トウヒ」も）を使うことはよく知られているが、もう一つ忘れてはならない重要な木がある。それがセイヨウヤドリギである。キリスト教以前には、北欧にもさまざまな神がいた。夏を象徴する光の神・バルデルは、冬と暗黒の神・ホデルによって殺される。セイヨウヤドリギの矢で射られたからである。バルデルは木の神で、ヤドリギはその魂であるともされていた。

北欧では、冬に葉を落とした木の上で青々と茂る常緑のヨーロッパヤドリギを木の復活と見て神聖視し、冬至の日に太陽の復活（新生）を祈って、この枝を燃やした。赤は太陽の象徴であり、サンタクロースが赤い服を着ることや、セイヨウヒイラギの赤い実やポインセチアのような赤い花がクリスマスに使われるのもその名残であろう。

赤は血の色であり、月経をもつ女性の象徴ともされた。それに対して、セイヨウヤドリギは男性を意味する。それは、粘液質で白い果実を精液とみなしたからである。男女の出会い、結びつきが、新しい生命の誕生を象徴する。現在でもイギリスには、クリスマスイブにセイヨウヤドリギの飾りの下にいる女性とは自由にキスをしてもよいという粋な風習があるという。これも古代の儀式の名残。このように、セイヨウヒイラギとセイヨウヤドリギの両方が揃って初めて意味があるのである。

また、半寄生植物であるセイヨウヤドリギは、ヨーロッパナラに寄生している。そのヨーロッパナラも聖木とされてきた。セイヨウヤドリギはヨーロッパナラのシンボルとされたが、それは男性の生殖器と思われたからである。したがって、その枝を切り取ることは、去勢を意味している。

しかし、ヤドリギは新たに鳥たちによって種子が運ばれると、同じ木に芽ばえる。それを再生と見立てたのであろう。落葉した木々のこずえに青々とした緑を保つヤドリギは、冬の間、春の精、木の精が宿ると考えられたり、ヤドリギに特別な威力を感じたりしたのはヨーロッパの人々だけではなかった。使われ方はちょっと違うが、日本にもヤドリギに特別な思いを持ち、同じように威力を感じたりした人がいたのは驚きである。

## 〈植物メモ〉

◎桃・モモ（バラ科）

果樹および観賞用として広く植栽されている落葉低木（または小高木）。中国北部の原種で、日本には古くから渡来し野性化しているところもある。葉腋につく芽は3個。花は春、葉より早く、または同じ頃に開き、通常淡紅色であるが、白、濃紅、八重、菊咲きなどの品種が多くある。果実は初夏、通常毛があるが、無毛の変種「ズバイモモ」もある。

◎李・スモモ（バラ科）

果樹として広く植栽されている落葉小高木。中国原産で日本には最も古くから渡来したもの。高さ三〜八ｍになる。若枝は毛が無く、光沢がある。葉は中央脈に沿って毛があるが、ほかは無毛で、初夏に赤褐色または黄色に熟し、生食できる。和名は「酸味が強い」ことから。

◎カタクリ（ユリ科）

日本各地およびサハリンの温帯から暖帯に分布。山中に生える多年草。高さ一五㎝ほど。根も深いことが多い。一茎に一花と一対の葉がある。葉は厚く軟らかく、表面に紫色の斑紋がある。花は早春、径四〜五㎝、花被の内面に濃紫色のW字の紋がある。鱗茎からは良質なデンプンが採れる（片栗粉）。和名「片栗」はクリの子葉の一片に似ているからだという。古名は「カタカゴ」。

◎ヤドリギ（ヤドリギ科）

日本各地および朝鮮半島、中国に分布。ケヤキ、エノキ、クリ、ミズナラ、サクラ類、ヤナギ類などの落葉樹に寄生する常緑小低木。長さ四〇〜八〇㎝。二又に分枝。葉は対生、無柄、厚い革質で長さ三〜六㎝。花は晩冬、雌雄異株、果実は粘りが強く、鳥が好んで食べる。他の樹皮につくと、そこで発芽し、新株になる。和名「寄生木」は「宿り木」の意。類似種の「ホザキヤドリギ」は落葉小低木。

家持の歌には、越中万葉の中にしか出てこない草木がある。そのいくつかを紹介する。まずはじめは、ホホガシワ（ホオノキ）である。

僧恵行《えぎょう》と家持が、その大きな葉を貴人がかざす蓋《きぬがさ》と杯《さかずき》にたとえて詠った歌（引き折ったほおの木の葉を見た時の歌）二首がある。

わが背子《せこ》が捧げて持てるほほがしは　あたかも似るが青き蓋《きぬがさ》　（講師）僧恵行

【あなたが捧げて持っておられるほおの木の葉は、まことにそっくりですね、青いきぬがさに】

皇祖《すめろき》の遠御代御代《とほみよみよ》はい敷き折り　酒飲みきといふそこのほほがしは　大伴家持

【いにしえの天皇の御代御代には、これを折りたたんで酒を飲んだそうですよ、このほほがしはの葉は】

ここでの「講師」は法会《ほおえ》で、経典を意味を講義する僧のことである。「あたかも」は「まさしく」の意。「蓋《きぬがさ》」は、絹などを張った長い柄の笠のことである。蓋の色は、一位・深緑、三位以上・紺、四位以上・はなだ色（薄い藍色）と規定されていた。ほおの木の葉だから、一位の深緑ということだろう。

ホオノキの歌は『万葉集』に四首あるが、すべて越中万葉歌のみ。

厚朴《ホオノキ》の、あの古代的な感のする、裏面の白絹のように大きく白い美しい葉が、比較的に密な葉序の配列をして車輪状に密生した感をよく表現している。植物の葉の配列状態は、極めて数理的に配列するものであるが、一般には、密生しているものは、その生長点が大きく、疎生しているものは、それが小さい。

ほととぎす　来鳴く五月の　菖蒲草《あやめぐさ》　余母疑《ヨモギ》かづらき　酒みづき遊びなぐれど
射水河　雪消溢りて……

【ほととぎすの鳴く五月の　あやめ草やよもぎをかずらにして（頭に飾って）、酒宴をしては遊んで気を紛らわそうとするけれど、射水《いずみ》河の雪解けの水が溢れて……】

次は、私たちには馴染みの「ヨモギ」（キク科）である。家持が宴会で詠った長歌の一部にある「余母疑」は現在の「ヨモギ」である。地味ではあるが、どこにでも生育している多年草と思われるが、『万葉集』には、この長歌の一例のみである。

ヨモギは、秋に小さく地味な花をつけるだけだが、葉に香りがあり、中国では邪気を払う力があると信じられていた。五月五日の端午の節句の祝いにアヤメ（現在のショウブ）とヨモギを飾った様子を詠ったのであろう。この風習はつい最近まで私たちもやっていたことであるが、万葉の時代から行事として行われていたとは、やはり驚きである。

なお、ヨモギに「蓬」の漢字をあてて書くことがあり、「雑草の代表として、荒れた家の代名詞」となることが多いが、これは間違いだと言われている。牧野富太郎先生によると、「蓬」はアカザ科の「ハハキギ」のような植物で、一種に限られたものではなく、砂漠に生える草のことである。ただし、平安時代の『源氏物語』の「蓬生」の帖の名が末摘花の住む館の荒廃を意味するように、蓬は邸宅などの荒廃などと結びつく表現となったともいわれている。

「雑草の代表」とされていたと聞き、目に浮かんでくるのが、現在の道路沿いにある「植えマス」である。ほとんどが、イネ科の雑草（これが見苦しく感じる）だが、その中で、時々見かけるのがヨモギである。ヨモギは、今も昔も荒地に強い植物であることは間違いない。万葉の時代、意外に思うが、荒れ地植物の象徴がヨモギだったのである。長野市内の道路沿いの植えマスに、帰化植物と一緒に生育するのがヨモギ。荒れ地植物と言われる由縁がわかるような気がする。荒れ地に強いのである。

さて、今日は正に帰化植物の襲来で、市街地の道路はイネ科を中心に、ヨモギ以外は帰化植物である。帰化植物が急増したため、在来種の生育場所が、どんどん狭まってきている。環境省では、在来植物の保護を目的に、特定外来植物を指定し、その駆除に努めている。帰化植物といえども、命ある生物である。しかし、やむを得ない場合もある。

最後は「ハギ」。萩は万葉植物の中で一番多い一四一首もあるが、越中万葉の中にも、ハギを詠んだ次の歌がある。花の少ない秋に咲くことや歌の題材にしやすいことなどから、万葉人にも好まれたのであろう。

次の三首は、家持が五年の任期を終え、越中と別れる時に詠んだ特別な歌なので紹介したい。

石瀬野に秋萩しのぎ馬並めて　初鳥狩だにせずや別れむ

【石瀬野で秋萩を踏みしだき、馬を並べてせめて初鳥狩だけでもと思っていたのに、それもせずに別れることとなるのか】

君が家に植ゑたる萩野初花を　折りてかざさな旅別《わか》るどち

【あなたの家に植えてある萩の初花を手折って髪に挿しましょう。旅で別れ別れになるわたしたちは】

立ちて居て待てど待ちかね出でて来し　君にここにあいに逢ひかざしつる萩

【立ったり座ったりして待ったが待ちきれなくて出発してきたが、そのあなたにここで逢えて髪に挿した萩の花よ】

越中での赴任を終え、親しくなった越中の人々と別れる時詠んだ植物はハギだったのである。それも三首も、である。きっと、家持の好きな花だったのだろう。

しなざかる越に五年住み住みて　立ち別れまく惜しき宵かも

【（しなざかる）越中の国に五年もの間住み続けて、今宵限りに別れて行かなければならないと思うと、名残惜しい】

天平勝宝三年（七五一）八月五日の早朝に、国司の次官以下の諸官人が皆揃って餞別の宴をしてくれた後、みんなに見送られる中、旅路についた。

ハギは「生え芽」という意味で、古い株から芽が出ることを言う。昔は「芽子」「芳宣草」「鹿鳴草」

とも書いた。「萩」は日本字で「秋に咲く草」の意味（詳しくは「秋の七草」を参照）。

**〈植物メモ〉**

**◎ホオノキ（モクレン科）**

日本各地および中国に分布、山地に生える落葉高木。高さ二〇ｍほど。若い葉は帯紅色で美しい。花は晩春。葉が大きく二〇～四〇㎝になる。五、六月に若枝の先に一五㎝ほどの芳香のあるクリーム色の花をつける。古名「ホオガシワ」（ホオノキ）は、「葉が食物を盛るとき用いられた」ことから。材は軟らかくきめ細かいので版木、下駄の歯、種々の器具に用いられる。

**◎ヨモギ（キク科）**

本州、四国、九州、小笠原および朝鮮半島に分布し、山野に普通に生える多年草。茎は高さ一ｍ内外でよく分枝し、白綿毛がある。葉の下面にも白綿毛が密生し、葉柄の基部には仮托葉がある（ヤマヨモギ・オオヨモギにはない）。花は夏から秋。別名「モチグサ」は春に若苗を草餅の材料にすることから。葉裏の毛からモグサをつくる。切り傷にしぼり汁をつけるなど民間薬として効用は多い。

## コラム❷　越中の万葉植物

この四年間、成人学校で、「万葉植物」を中心に据え、学んできた。万葉植物を詠った『万葉集』の歌を読み、それらに感動させられ、改めて『万葉集』の魅力の虜《とりこ》になった。歌を詠んだ人の気持ちが分かるような気がした。千三百年以上前に生きた万葉人の心と現代の私たちの心が、根っこの部分で同じだと感じられるのだ。万葉人の暮らしの中で生まれた喜怒哀楽が、そのまま素直な言葉となってほとばしり出ている。恋、別れ、旅、死、人や動物や植物や風景などへの思いを歌にすることで、普段は内に秘めている心情も表している。古代の人々が残した言葉と、言葉と言葉の間に込められた真っすぐな心、純真な心が理解できるということは、私たちにも同じ心があるということ。変わらない日本人の心の芯が『万葉集』にある。だから、いつまでも色褪せることなく、現代の私たち日本人も共感してしまうのだろう。

私は、十数年前から、長野市内のいくつかの植物講座（現在は三つ）を持たせてもらっているが、講座では一五〇～一六〇種あるといわれる「万葉植物」を積極的に取り上げている。そのキッカケは、富山県高岡市立万葉歴史館長（万葉学者、奈良女子大学名誉教授）の坂本信幸さんの「越中の万葉」と題した貴重なご講演を長野市内で聞く機会を得たことである。その後、同館を訪れる機会を持つこともできた。

万葉歴史館は富山県高岡市伏木にあるが、奈良時代、その近くに越中の国府が置かれたところである。天平十六年（七四四）、遠く奈良の都から、二十九歳の大伴家持が越中の国守として赴任した。越中の地には、家持の見たこともない自然があった。目の前に広がる有磯海、その向こうには夏でも雪をいただく立山、人々が敬う二上山。大いなる自然とそこに営まれる人々の暮らしは、家持の詩情をかき立て、独創的な歌の境地を開かせたと言われている。

『万葉集』巻十七、十八、十九は、家持の越中在任期を中心とした歌日記ともいわれており、越中万葉歌として、今も人々の心を捉えている。前述したが、私の好きな「もののふの八十娘子《やそおとめ》らが汲みまがふ　寺井の上の堅香子《かたかご》の花」という歌は、家持が越中に在任しているときに詠じた歌である。カタクリの歌は『万葉集』の中では、この家持が詠った歌が唯一なのである。〝春の山野の代表的な可憐な花なのにどうして？〟と意外に感じた。

『万葉集』の魅力は、多くは朝廷の天皇、皇后、高官、官人によるものである中で、東歌とか防人の歌といった庶民の歌も取り上げられていることである。『万葉集』巻十六のおよその形ができた一年後の天平十八年（七四六）三月、家持は宮内省の次官（宮内小輔）に任命され、そして六月二十一日、越中守（国司）の任命を受けた。

「万葉植物」と言った場合、やはり当時の都のあった飛鳥・奈良周辺のものが圧倒的に多い。そんな中で、編集者の一人である家持が国司として赴任した越中の歌は、我が信濃の国にも生育している草木が多く詠われているので、親しみが湧くのも事実である。家持が越中赴任中にできた歌は「越中万葉」と言われる（巻十七〜十九）。それらは三三七首あり、家持自身が詠ったものは二二三首である。それらの歌を紹介したい。

天平十八年七月、家持は奈良の都を出発し、越中に向かった。その時、叔母で母代わりの坂上郎女（妻の母でもある）が詠った餞別の歌がある。次の二首である。

草枕旅行く君を幸くあれと　斎《いは》ひへ据ゑつ我が床の辺に

【（くさまくら）旅に出て行くあなたが無事なように、斎いべ（神事に用いる神聖なかめ）を据えて祈りました。私の寝床のそばに】

今のごと恋しく君が思ほえば　いかにかもせむするすべのなさ

【今からもうこんなに恋しくあなたのことが思われたならば、どうすればよいのでしょうね。なすすべもありません】

叔母の慈悲の心の溢れた、恋人を思うような愛の歌である。家持はこの二首を懐に大事にし、越中に入ったのである。よほど嬉しく、気に入っていた歌だったのだろう。

坂上郎女は、越中に赴任した家持の元へも次の二首を送ってきている。

旅に去《い》にし君しも継ぎて　夢に見ゆ我が片恋《かたこひ》の繁ければかも

【旅に出て行ったあなたが続けて夢に見えます。私の片思いがしきりに募るからでしょうか】

道の中国つ御神《みかみ》は旅行《ゆ》きも　し知らぬ君を恵みたまはな

【越の道の中（越中）の国の神さま、旅暮らしなどし慣れないあの人を慈しんでやってください】

わが娘（坂上家大嬢）の夫への叔母（父・旅人の異母妹）の慈悲の心を超えているように思われる。初め穂積皇子に嫁し、のちに藤原麻呂が妻問うたというから、恋多き女だったのかもしれない。

## （2）笠郎女

この時期を代表する女性歌人の一人に笠郎女《かさのいらつめ》がいる。笠氏の娘だが、伝不詳。優れた女流歌人で、『万葉集』の歌はすべて大伴家持との間に交わされた贈答歌である。女性歌人では、大伴坂上郎女の八四首に続き、二番目に多い二九首の歌が『万葉集』に載っているが、草木を直接詠った歌は見当たらない。

①　陸奥《みちのく》の真野《まの》の草原《かやはら》遠けども　面影にして見ゆといふものを

【陸奥の真野の草原は、遠いところですが、想う心が深ければ面影に立って見えてくると申します。そのように、あなたも私のことを深く思ってくださるなら、夢幻にでも見えるはずです】

「真野」は、遠く隔たったものが面影に見えるという喩えである。全体が比喩になっている。家持に対する郎女の恨み言を遠回しに詠ったものだろう。

郎女には、次のような植物を詠った歌がある。

②　わが屋戸の夕影草の白露の　消ぬがにもとな思ほゆるかも

【私の家の庭さきの夕かげの中の草に置く白露のように、自分の身も、今にも消え入りそうに、心細く思われます】

この歌には「夕影草」という草の名があるが、特定の草ではなく、「夕暮れの仄かな光の中に生えている草」という意味の造語だと思われている。郎女の素敵な心情表現ではないか。私は、講座を受けている皆様に、自分の好きな草木に、思いを込めた自分の名を付けることをお勧めしている。この歌を紹介したのもそのためである。その花に一層の愛着を感じるからである。

「夕影草」、素敵ではありませんか。似た名に「君影草」というのがある。「スズラン」の別名である。花（女性の象徴）が大きな葉（男性の象徴）に守られるように咲く様子から付けられたものだろう。

③　相思はぬ人を思ふは大寺の　餓鬼の後方《しりへ》に額づくが如し

【思われてもいないあなたのような人を思うのは、ちょうど大寺の餓鬼の像の後ろへ回って、お辞儀するような、まるで手応えのないものです】

家持のことを餓鬼にたとえ、しかもそのお尻を拝むというのだから、相当過激な非難の表現で、恨み言を述べているのだろう。家持に贈った歌をみると、あるときはやさしく哀れに、ある時は激しく強くと、自分の気持ちを率直に表現している。

④　朝霧のおほに相見《あひみ》し人ゆゑに　命死《いのちし》ぬべし恋ひわたるかも

【朝霧のように、あったともいえないほど、ほのかにお会いしただけのお方なのに、私は命も絶えんばかりに恋しゅうございます】

万葉女流歌人屈指の恋の嘆きの歌人と言われる笠郎女の代表的な歌である。それにしても「朝霧のおぼに相見し人」の表現には感動させられるが、そう思われた家持は羨ましい限りである。

### （3）　狭野弟上娘子《さののおとがみのおとめ》

女性歌人3位を紹介しないわけにはいかない。草木を詠った歌はないが、彼女と中臣宅守《なかとみのやかもり》との悲恋物語が有名である。

あしひきの山路越えむとする君を　心に持ちて安《やす》はくもなし

【山を越えてはるかかなたに去ってゆくあなたを思うと、不安で胸がいっぱいです】

宮寮《ぐうりょう》に仕える女官だった狭野弟上娘子は、禁を犯して中臣宅守と愛し合ったため、男は越前に流罪となったのである。二人がかわした恋歌は合わせて六十三首もあった。

昨今、家族（夫婦・親子）をめぐる殺人事件が毎日のように報道され、心を痛めている。

万葉人の男女の結びは、相手の身体に自分の最も大切なものを結びつける行為である。心であり、魂であり、命である。守らなければならないのは、相手の安全である。

万葉人からは、これらの男女の結びについて学べることが多いだろう。

# 第三章　悲劇の二皇子

『万葉集』には、政権争いの末に劇的な死を遂げたといわれる幾人かが登場する。ここで取り上げるのは、第一期の有馬皇子と第二期の大津皇子である。二人とも、天皇になれる可能性のあった皇子である。「人間の歴史は〝殺戮史《さつりくし》〟だ」と言った歴史家がいるが、この二人の皇子も「悲劇の皇子」としか言いようがない。すべての人間が平和に生きる世の中は実現できないのだろうか？

万葉植物研究のために『万葉集』を読み深めてきたが、この二人の皇子の事件は、植物にまつわる事柄以上に忘れることのできない哀れな出来事となったように感じられ、この章を設定したのである。

## 一　有馬皇子

私は、中学校・高校での「日本史」で、中大兄皇子は中臣鎌足とともに、それまで天皇をないがし

マツ

ろにし、朝廷の実権を握り、自由に振る舞っていた蘇我入鹿を滅ばし、「大化の改新」を実現した英雄だと教わった記憶がある。ところが後年、日本の歴史を学び直す機会を得たが、政敵を次々に殺す中大兄皇子（天智天皇）の非情さが気になり、その犠牲者の一人である有馬皇子を可哀そうな「悲劇の皇子」と思うようになった。

有馬皇子は孝徳天皇の遺児。孝徳天皇の没後、再び天皇になった斉明天皇（孝徳天皇の姉）は伯母にあたる。斉明天皇の子・中大兄皇子は従兄。有力後継者の一人だったので、有馬皇子は中大兄皇子の猜疑心に晒されていたのである。

斉明四年（六五八）年十一月、女帝と中大兄皇子が紀温湯《きのいでゆ》に滞在中、都で謀反を企てたとして捕えられる。それには次のようなことが知られている。

十一月三日、皇居の留守官・蘇我赤兄《あかえ》は有馬の皇子に謀反を勧めた。

「斉明女帝の横暴はかくの如く甚しい。今こそあなたが立ち上がって天皇になってください」とささやいた。その時、有馬皇子の心には、唯一人、難波京に残され、恨みの晴れぬまま死んでいった父・孝徳天皇の面影が浮かんだのかもしれない。

しかし、五日の夜、事は急転した。有馬皇子に謀反を勧めた蘇我赤兄の兵が皇子の館を囲んだ。皇子は蘇我赤兄のしかけた罠にまんまとひっかかってしまったのだ。捕らえられた皇子は、ただちに紀州に護送された。道の途中、磐代（和歌山県南部町）で、皇子は静かに詠った。それが次の歌である。紀温湯に連行され、中大兄皇子の尋問を受けた皇子にはすでに、この旅が死への旅であることを予感していたのかもしれない。中大兄皇子の前に引き出され、「どうして謀反を企てたのか」と尋問されたとき、皇子は、「それは、天と赤兄が知っている」と答えた。騙された自分への悔いと騙した赤兄への憎しみが表れた言葉であろう。「謀り事をしたあなたが、すべてをご存じのはず」と有馬皇子は叫びたかったのだろう。

その帰途、結び松の願いも空しく、藤白坂で絞殺されてしまったのである。有馬皇子の思っていることが事実だとしたら、やはり中大兄皇子はしたたかな人物と言える。

次の自傷歌二首は、連行される途中、岩代で詠んだものである（ただし、皇子を憐れんだ後の人が詠った歌である可能性もある）。

有馬皇子、みづから傷みて松が枝を結ぶ歌二首

岩代《いわしろ》の浜松が枝を引き結び　ま幸《さき》くあればまたかへり見む　有馬皇子

【岩代の浜の幸福を招く縁起のよい松の枝に願いごとを結び、疑いが晴れ、その帰りにもう一度見たいものである】

旅がいつも死と隣り合わせであった古代、道すがらの木の枝を結んで、その安全を祈る習慣があった。この時、有馬皇子が松の枝を結んで祈ったのは、ほとんど絶望的な死の旅からの帰還だった。事件は、有力な皇位継承者の一人であった有馬皇子を滅ぼそうとして、実権を持っていた中大兄皇子が企てたことは間違いないだろう。

## 家にあればけに盛る飯を草まくら　旅にしあれば椎の葉に盛る

【家にいればしかるべき食器に盛る飯を、（草枕）旅先にあるので、椎の葉に盛っている】

この歌は旅の淋しさ、苦しさを詠んだ歌だろう。二首とも素朴な表現で、二首一連として、道の神への言わば、「手向草《てむけぐさ》」（神を迎えるための草）として捧げた歌であろう。

これまでの経過からも、中大兄皇子の非情さは目に余る。有馬皇子以外でも、兄の古人大兄皇子を攻め殺し、義父の右大臣・蘇我倉山田石川麻呂を自害に追い込んでいる。私が中学校の社会科で日本の歴史を習った時は、中大兄皇子は悪者の蘇我氏一族を倒し、大化の改新を実現した英雄のように思っていたことは前述したが、このたびの『万葉集』の探究を通し、正直、彼に対するイメージが大きく変わってしまったことは事実である。

もちろん、人物の歴史上の評価を、自分の好き嫌いで判断するのは慎みたいと思っている。人は神仏ではないから、必ず良い点、悪い点の両方がある。彼がいなければ大化の改新がなかったかもしれない。付け加えると、この事件の背景には中大兄皇子と孝徳天皇（皇極天皇の弟：軽皇子）との対立があったように思われる。それにしても、親族でありながら、殺し合う人間の憎悪の深さには、唯々、ため息が出る。人間の業はどうにもならないのだろうか？

さて、本書は歴史書ではないが、『万葉集』に記述された中大兄皇子（天智天皇）の扱い方も気になるところだ。天皇としての歌は巻二に「御歌」とあるが、中大兄としての歌三首は「歌」と記されており、「天皇」「皇子」としての扱いではないのである。これによると天皇、皇子でなかったことになる。実際はどうだったのだろう。

いずれにしても、歴史上の人物についての評価については、もう一度、冷静に学び直していきたいと思っている。

それにしても、結果的に殺されてしまった有馬皇子は無念のことだったろう。後人の有馬皇子に対する追悼の和歌が『万葉集』には四首も出てくるので掲載しておく。

長忌寸意吉麻呂《ながのいみきおきまろ》が結び松を見て、哀しみ咽《むせ》ぶ歌

**磐代の岸の松が枝結びけむ　人は帰りてまた見けむかも**

**磐代の野中に立てる結び松　情《こころ》も解けず古へ思ほゆ**

山上憶良、追って和《こた》えた歌

**鳥翔《つばさ》なす在《あ》り通ひつつ見らめども　人こそ知らね松は知るらむ**

大宝元年、紀伊国へ行幸のとき、結び松を見る歌（『柿本人麻呂歌集』）

**後見むと君が結べる磐代の　小松が末をまた見けむかも**

これらの歌からも、有馬皇子の死は多くの人から愛惜されていたことがよく分かる。

また、歌に出てくるもう一つの樹木である「シイ（椎）」は、シイ属の総称で、「ツブラジイ（コジ

イ）」、「スダジイ（イタジイ・ナガジイ）」を指す。

### 〈植物メモ〉

**◎クロマツ（マツ科）**

マツといえばアカマツが普通であるが、有馬皇子の歌は「岩代の浜」とあるから、「クロマツ」であろう。

本州、四国、九州の海岸近くによく生え、または植林される。高さ四〇m、径二mにもなる。樹皮は灰黒色、厚く深い亀甲状に割れ目ができ剥げ落ちる。葉は二本、濃緑色で硬い。花は晩春に開き、翌年の秋に種子を熟す。和名は樹皮の色から。別名「オマツ」は硬い葉に由来。防潮、防風林、建築、土木、パルプ、薪炭など用途は豊富である。

**◎アカマツ（マツ科）**

北海道南部から九州の山野に最も普通に生え、北方では海岸近くにも生え、また植林もされる常緑針葉高木。高さ三〇m、径一・五mほど。樹皮は赤褐色で亀甲状の割れ目ができ、薄く剥がれる。葉は針状で二本が対になる。晩春に若枝の頂に雌花、その下に雄花を多数つける。種子は翌秋に熟す。和名は樹皮の色から。材は土木、建築、パルプなどに使用される。別名「メマツ」。

なお、松（マツ）は（クロマツもアカマツも）日本固有種とされているが、外国から移入されたという説がある。縄文時代の遺跡から出る木製品にはマツ材がなく、弥生時代の遺跡から出る木製品もスギ材が中心で、やはりマツ材が出ない。マツ材が出るのは飛鳥時代、つまり万葉の時代になり、初めて松が出て来るのである。これらのことからも、マツは外国から移入された種であるという説のほうが有力であろう。

◎ツブラジイ（ブナ科）

関東地方から琉球列島および台湾、中国中南部に分布。暖帯の山中に生える常緑高木。高さ二五ｍほどになる。葉は二列生で、互生、長さ四～一〇㎝、裏面は灰白か灰褐色。花は晩春、虫媒花、堅果は総苞に包まれ、晩秋に成熟する。種子の中の子葉は白色で食べられる。樹皮は茶色の染料、材は器具に用いる。和名「円（つぶ）らジイ」は、果実が丸いから。

◎スダシイ（ブナ科）

福島県から琉球列島および済州島の暖帯に生え、庭木として植栽する常緑高木。樹皮は裂ける。葉は厚い革質、長さ五～一五㎝、裏面は淡褐色、類似種「ツブラジイ」と比べるとやや大きく、通常鋸歯はない。花は晩春、虫媒花。果実は長さ一・五㎝ほどで総苞の中に包まれる。成熟すると食べられる。材はシイタケのほだぎ木、薪炭などに用いる。別名は「イタジイ」「ナガジイ」。

## コラム③ 祝い歌の象徴「松」

松は万葉の時代より、やはり幸福を招くおめでたいもの、縁起の良いものの象徴であった。それも、「アカマツ」か「クロマツ」かである。この二つの松は常緑であり、葉が二枚で「枯れて落ちても二人かな」で夫婦円満の象徴でもあるから、私が、結婚される人に贈る詩吟は、「松の葉の（相馬御風）」か、「いく千代の（内柴御風）」のいずれかである。

① 松の葉の二葉一葉に色かえず　常あるごとく添いとげたまえ

相馬御風（一八八三〜一九五〇）

【松の葉のように、二人（枚）揃って一夫婦である。都々逸にある如く、「枯れて落ちても二人かな（二人一緒に長寿を全うしたいもの）」である】

② いく千代の契りなるらむ常盤なる　松の梢《こずえ》の鶴の巣ごもり

【これから長い間、どんなことがあっても約束したことを守り、鶴のように元気で長生きのできる子どもを産み育てていこう】

「いく千代」は（多くの世）、鶴は千年生きると言われる長生きの鳥、いずれも寿命長くめでたいことの象徴であろう。もっとも、松には三葉のもの（ダイオウショウ）も、五葉のもの（ハイマツ）

もある。長寿の象徴であり、また、自分が無事に帰ってこられることを〝待ってくれる〟「松」にあやかったのだろう。

## 二　大津皇子

第二期に入る大津皇子は、天武天皇の第三皇子。大伯皇女《おおくのひめみこ》の二歳年下の弟。大津皇子は文武両道に優れ、度量も広く、人望のある皇子として育った。我が子を皇位につけようと願う草壁皇子の母親（後の持統天皇）の謀略によって謀反人に仕立てられてしまったとされている（母は五歳の時逝去）。朱鳥《あかみとり》元年（六八六）九月九日の父・天武天皇の崩御後、一か月も経たない十二月二日に謀反が発覚し、二十四歳の若さで刑死した悲劇の皇子である。

大津皇子は、朱鳥元年十月三日、訳語田《おさだ》の舎において、謀反の罪で死を賜った。才知と文章の巧みを詠われ、漢詩も良くした（六六三～六八六年、没年二十三歳）。残念でならない。

彼にはこの事件に関わっての草木の歌はない。死を賜った時に、磐余池《われのいけ》の堤で、悲しんで作った歌が残っている。

百伝《つた》ふ磐余《いはれ》の池に鳴く鴨を　今日のみ見てや雲隠《くもがく》りなむ

【度々やってきた磐余の池で鳴く鴨のを見るのも、今日を限りに、私は天に上って行くことであろう】

『日本紀』によれば、この時、妃の山辺皇女は髪を乱し、素足で奔って行って殉死した。見る者みなすすり泣いたという。

また、伊勢神宮の斎宮の職を解かれ京に帰った姉の大伯皇女が、謀反の罪で刑死した弟の大津皇子の屍を葛城の二上山に移し葬った時、哀傷して作った歌が次の二首である。

うつせみの人なる我や明日よりは　二上山を兄弟と我が見む

【現実の人間であるこの私は、明日からは、二上山を親しい弟と思って眺めていよう】

磯の上に生ふる馬酔木を手折らめど　見すべき君が在りと言はなくに

【磯のほとりに生えた馬酔木の花を手折ろうとするけれど、それをお目にかけるべきお方が、あるというわけではないのだもの】

事件のあった翌年であろうか。馬酔木の花が咲く春に詠んだ歌である。弟の屍を二上山に移葬した。二上山は飛鳥から西の方角に仰ぐことができる。南の峰を雌岳、北の峰を雄岳というが、皇子の墓は雄岳にある。「見すべき君が在りと言はなくに」に、嘆きながら諦め、諦めきれないで嘆くという弟を思う姉の感情の起伏をよく表している。

なお、ここで悲劇の皇子ではないが、大津皇子と同じように、天武天皇の皇子二人を紹介しておこう。

**日並皇子尊**《ひなみしのみこのみこと》

天武天皇の第二皇子、草壁皇子である。御母は持統天皇。文武天皇の父君。名は「日と並んで天下をしろしめす」の意。皇太子であって、神の「みこともち」（神と人との仲介者）である人を「みこのみこ」と尊称したのである。壬申の乱に従軍、没後、「岡宮御宇天皇」と追贈された（六六二～六八九）。

大名児《おおなご》を彼方野辺《おちかたのべ》に刈る草の　束の間《あいだ》も我忘れめや

【大名児よ。遠い彼方の野で刈る葦草《ふさくさ》の一束ではないが、その束の間も、私はお前を忘れようか、忘れてはいない】

相手の石川郎女は風流の道に長け、皇子より年上である。恋の歌というより、恨みかあてこすりの歌ではないかとも推定されている。

**弓削皇子《ゆげのみこ》**

天武天皇の第六皇子。母は天智天皇の皇女、大江皇女。長皇子《おさのみこ》の弟である。持統五年に、浄広弐《じょうこうに》の位を授けられた。高市皇子尊の亡くなられた後、持統天皇が日嗣《ひつぎ》の言を皇子たちに諮った時、弓削皇子が発言しようとして、葛野王に押し止められたことがあったという記録が残っている。自分の思ったことは率直に言う皇子だったのだろう。次の歌にもその性格が表れている。

持統天皇が吉野宮行幸のとき、大和の京にいる額田王に贈った歌

古《いにしへ》に恋ふる鳥かも弓絃葉《ゆづるは》の　御井の上より　鳴き渡り行く

【あの鳥は、昔のことにあこがれている鳥なのか。昔、天武天皇が遊ばれた弓絃葉の御井の上を、鳴きながら飛んで行く】

吉野の弓削皇子に和《こた》えた歌

古に恋ふる鳥は時鳥《ほととぎす》　けだしや鳴きし我が恋ふるごと　額田王

【あなたが言われる、昔が恋しいらしくて鳴く鳥は、時鳥なのでしょうか。もしや、わたくしが先帝を恋い慕っているとおりに、鳴きはしませんでしたか】

この歌は持統天皇の御代に詠われた歌である。額田王はすでに六十歳代になっている。持統天皇は生涯、三〇回以上も吉野離宮に行幸したが、時鳥を詠んでいるから春であろう。皇子は天皇に従って吉野に行き、額田王は大和に残っていたのだろう。「弓絃葉の御井」は、ユズリハの木陰に湧き出る有名な泉である。天皇の禊ぎの用に使われていたという。皇子にも額田王にも共通の故天皇にまつわる思い出があったのだろう。故に天皇に代わって、額田王に歌を贈ったのだろう。心優しい皇子だったと思われる。時鳥の声を聞き、時鳥が人の霊魂を運ぶものであることを思い出し、高齢のため、吉野にやって来られなかった額田王に想いが飛んだのだろう。歌を贈られた額田王の返歌も軽い機知に富んだ歌だが、皇子の歌のほうが心がこもっている。

## 〈植物メモ〉

### ◎アセビ（ツツジ科）

本州、四国、九州の暖帯の山地に生え、観賞用に植栽される常緑低木。よく分枝し、高さ一～二ｍで無毛である。葉は革質で互生し、長さ三～八㎝。花は早春から晩春に咲く。蒴果は上向き。夏には来春のつぼみがつく。葉は有毒でアセポトキシンを含み、駆虫剤に用いる。馬が食べると苦しむので「馬酔木」という。鹿などが食べないので奈良公園に繁茂、箱根の純林も有名である。

山国信濃で生まれ育った筆者は、小学校時代、夏に日本海へ海水浴に連れられて行った以外、ほとんど県外に出たことがない。中学校の修学旅行で東京・鎌倉へ、高校の修学旅行で奈良・京都へ行き、それらの地で、初めて出会った常緑の樹木が多い。印象に残ったのが皇居前で見た「クスノキ」、それに奈良公園で見た「アセビ」（それに月桂樹）である。引率の先生から「楠木正成」「馬酔木」の説明を受けたのもこの時である。

アセビは早春の山野を彩る美しい花を咲かせるが、有毒植物のため、野生の動物は食べない。奈良公園だけでなく、安芸の宮島でも鹿の害を受けずにすくすく育っている。終戦後、葉や花を煎じて、野菜の虫除けや家畜の駆虫剤に使用した。子どもたちは、馬酔木の花をつぶしてパチパチと音をたてるのを楽しみにしたという。

### ◎アシ・ヨシ（イネ科）

世界に広く分布。日本各地の沼、川岸に生える多年草。高さ二～三ｍ。根茎は扁平で泥中を横に這い、節からひげ根を出す。茎は硬く、中空、節に毛はない。葉は互生し、長さ五〇㎝、幅四㎝ほど。縁はざらつく。花は秋、多数の小穂からなる円錐花序を出す。小穂花軸は長い絹毛がある。若芽は食用になる。和名は「稈《はし》」の変化したもの。葦（アシ）では「悪し」に通じるので別名は「ヨシ」。漢名は「蘆」。

葦については、付け加えなければならないことがある。日本国家の形成に大きな意義を持つことである。日本の国名は、古くは「大八州国」というほかに、『古事記』『日本書紀』には「葦原の中つ国」とか、「豊葦原の千五百秋《いちほあき》の瑞穂国《みずほのくに》」とか記されている。瑞穂国は稲作の国とし、その形容として葦原を用いているのである。アシとイネとは不可分の関係にあることを示している。

紀元前三世紀頃、中国大陸から日本に稲作を中心とする農耕文化が伝わった時、湿性植物であるイネは最初に北九州の河川流域の低い土地のアシなどの茂った自然の沼地で栽培が始められたと考えられている。それからの数百年の間に、稲作は次第に東に進み、東北地方にまで及んだが、それはすなわち葦原の開拓の歴史である。

**◎ユズリハ（ユズリハ科）**

本州、四国、九州および朝鮮半島南部から中国暖帯に分布する常緑高木。山地の林内に生え、また庭木として植栽される。高さ四～一二m、葉は厚く滑らかで枝先に集まる。雌雄異株。花は初夏、萼も花弁もない。和名は、「常緑でありながら古葉が新葉と入れ代わる様を、子が成長し親が譲る」ことにたとえたものか。縁起物として正月の飾りにも使用する。類似種に、「エゾユズリハ」「ヒメユズリハ」がある。

ナズナ

# 第四章　『万葉集』と七草の関係

## 一　秋の七草

秋の七草は『万葉集』の中で、山上憶良が詠じている。

秋の野に咲きたる花を指《およ》折り　かき数ふれば七種《ななくさ》の花
はぎの花　お花　くず花　なでしこの花
おみなえし　またふじばかま　あさがおの花　　山上憶良

【秋の野に美しく咲いている花を、指を折りながら数えてみれば七種類の花がある。それは、ハギの花、オバナ、くずの花、ナデシコの花、オミナエシの花、フジバカマの花、アサガオの花である】

歌の後半は、「五七七　五七七」の旋頭歌形式で、花の名を挙げているだけだが、よく知っている花ばかりだから、それぞれの花とともに、秋のさわやかな景色が浮かんでくる。植物名は現在使用されている名とは違うものもあるが、萩は「ハギ」、尾花は「ススキ」、撫子の花は「ナデシコ」、女郎花は「オミナエシ」、藤袴は「フジバカマ」である。これらの七種類の花は、ほとんどが現在の花と一致しているが、アサガオだけは、今のアサガオではないとされている。

それでは、それぞれ順に『万葉集』で詠まれた歌を取り上げていく。

## （1）ハギ（マメ科）

高円の野辺の秋萩いたづらに　咲きか散るらむ見る人無しに　　笠高村

【高円の野辺の秋萩は唯空しく咲いては散りゆくことであろうなあ。見る人のないままに】

この歌は、志貴皇子が高円山の麓の宮で死去した時、作者の笠高村がその死を悼んで詠んだ歌である。調べの整った端正な歌であるが、見るべき人はもちろん、萩の花を愛していた亡くなった志貴皇子（?～七一六（?））である。皇子は第二期の人で、天智天皇の皇子（第四十七代・光仁天皇の父）。霊亀元年（七一五）、ハギの花の咲く秋、持統三年九月に死去した。志貴皇子の第六皇子である光仁天皇即位後、春日宮御宇天皇と追尊され（「田原天皇」ともいわれる）、現在の奈良県田原町の「西陵」に移されている。同じ田原町にある光仁天皇の墓は「東稜」と呼ばれている。

萩の仲間は数多くあるので、ここでは、代表的な「ヤマハギ」と「マルバハギ」を取り上げる。

「ヤマハギ」は、北海道から九州および朝鮮半島、中国東北部・北部、ウイリーに分布。山野の草地に生える落葉低木。高さ二mほど、多数分枝する。葉は初め毛があるが、後に無毛。花は秋、紅紫色で、まれに白色、長さ一一～一五m、萼歯は鋭頭。ハギは「生《は》え芽《き》」という意味で、古い株から芽を出すところから。昔はハギを「芽子」「芳宜草」「鹿鳴草」とも書いた。萩（草冠に秋）は日本字（国字といい、日本で作り出された字）で、「秋に咲く草」の意味。秋の七草の一つ。

もう一つの「マルバハギ」は本州から九州および朝鮮半島、中国の暖帯に分布し、日当たりのよい山野に生える半低木。高さ二mほど、多数分枝し、枝は伸びて開出し、垂れ下がることがある。小葉は長さ二～四㎝、表面は無毛、裏面には圧毛がある。茎上葉は長柄がある。花は晩夏から秋、葉腋に葉より短い花序をつける。萼片は鋭尖頭。和名は「丸葉萩」。

『万葉集』のハギの歌は一四一首で、詠まれた歌が最も多い植物である。ただし、歌の大半が作者不詳。萩が何より民衆に愛された花だからだろう。萩の歌で注目されるのは、庭に植えられたものを詠ったものが多いことである。植栽するほど親しみのある花だったことが分かる。また、二十数首の歌には、鹿が遊んでいる様子が歌われているのも興味深い。

なお、志貴皇子にも植物を詠んだ有名な歌がある。千曲市上山田温泉の千曲川万葉公園に、その歌碑がある。

石ばしる垂水《たるみ》の上のさ蕨《わらび》の　萌え出づる春になりにけるかも

ハギ

【石の上を激しく流れる滝のほとりに、軟らかいワラビも芽吹く季節がやってきた。さあ、野に出よう。春が来た】

生態的に、石ばしる滝のほとりにワラビが生えているというのにはやや疑問を持つが（「ワラビ」という名は知れ渡っていたと思われる）、そういう場所に生えるシダ植物（「クサソテツ」など）はもちろんある。どんなシダ植物かはともかく、傾斜の急な石の上を激しく流れ落ちる水の勢いを強く感じる歌と言える。

志貴皇子は天智天皇の第七皇子。父の天智天皇を亡くし、後ろ盾もなく不安な日々を送っていた。そんな時に、冬を越えて春に芽吹く早生のワラビを見て、「植物だって辛い時を乗り越えて生きている。私も同じように生きなければ……」と思い、詠ったのであろう。



〈植物メモ〉

◎ワラビ（コバノイシカグマ科）

中国、日本、朝鮮半島、樺太、シベリア、ヨーロッパ、北アメリカ東部に分布。日本では北海道、本州、四国、九州、沖縄など全国各地の日当たりのよい山地の斜面や草原に自生している。胞子形成の時期は八～一〇月。〝石ばしる垂水の上〟ではない。

## （2）尾花・ススキ（イネ科）

婦負《めひ》の野の薄《すすき》おしなべ降る雪に　宿借る今日《けふ》しかなしく思ほゆ　高市黒人

【婦負の野の薄が、海から吹きつける寒風になびいている。雪も降り続く中、今晩泊まる宿を探すと思うと悲しいことよ】

『万葉集』には、「ススキ」の名の歌が一七首、「カヤ」の名の歌が一〇首、「オバナ」の名の歌が一九首で、合計四六首登場する。

この歌は、ススキの歌。高市黒人が越中の婦負郡で詠じた歌。旅の叙景歌人といわれた黒人が、日本海から吹きつける寒風にススキがなびく荒涼とした景色の中で、今日の宿を捜しているときの心情を詠じたものである。彼は伝不詳の人だが、後の山部赤人の歌風の先駆とされている歌人である。

わが背子は仮廬《かりほ》作らず草なくば　小松が下の草を刈らさね　中皇命《なかつすめらみこと》

【あなたが旅の宿をお作りになるカヤがたりないならば、小松の下のカヤを刈りなさい】

斎藤茂吉は、『万葉秀歌』の中で、この歌を取り上げ、「歌はうら若い高貴の女性の御語気のようで、その単純素朴のうちに、言い難い香気のするものである」と賞賛している。茂吉が言うように、極めて単純であるが格調の高い歌と言える。

秋の野の尾花が末に鳴く百舌鳥《もず》の　声聞くらむか片聞けば吾妹（和木も）　作者不詳

【秋の野の尾花の穂の先で鳴くもずの声を聞いているのであろうか。ひたすらに聞け、わが妹よ】

高原のススキ原の光景が思い浮かぶ恋の歌である。ススキの穂が散ると、もう高原を行く人も少なくなり、やがて来る冬の訪れを感じる。スキー場建設のために作られたゲレンデは半自然草原である。最近、スキー人口が減り、閉鎖されるスキー場が増えてきて、高原の管理（刈り込み作業）をしなくなり、ススキだけになってしまったところが増えている。そのため、ほかの植物が減り、その植物を食草にしている蝶が減ってきていると嘆いていたチョウ研究者の話を聞いたことがある。気がかりである。

ススキ

〈植物メモ〉

◎ススキ・オバナ（イネ科）

日本各地および南千島、朝鮮半島、中国の温帯から暖帯に分布。山地の至る所に生える多年草。根茎は短く、束生して大株となる。茎は高さ一〜一・五m。花は秋に咲く。花穂を「オバナ（尾花）」と言う。和名は「すくすく立つ木」の意といわれ、また神事に用いる鳴物用の木、すなわちスズの木、また昔は葉で屋根を葺くカヤの名ともいう。茎葉は家畜の飼料となる。

## （3）クズ（マメ科）

わが屋戸のくず葉日にけに色づきぬ　来まさぬ君は何ごころぞも　　作者不詳

【家のクズの葉が色づいた。お見えにならぬ君はどうした心であろうか】

この歌はもちろん、恋愛歌である。クズの葉が色づいたということは、作者の相手に対する恋心がいよいよ深くなってきていることを訴えた歌であろう。

『万葉集』の歌およそ四五〇〇首のうち、植物の歌は約七〇〇首だが、この歌のように植物を通して表現したい心情は、次の四点にまとめられる。その代表例とともに紹介する。

（ア）人を恋する心を中心に、悲しみや喜びをその植物に寄せている。この歌はこれにあたるだろう。

（イ）人々の生活や仕事に直接関わり合う植物の様子を表現している。クズはその繊維で葛布を織り、また、その根から、葛粉を作る。古代から生活に欠かせないものだったのである。

をみなへし佐紀沢の辺のまくず原　いつかも絡《く》りて我が布に著む　作者不詳

【オミナエシの花が咲いている佐紀沢の原っぱで、クズのつるをたぐりよせて採集し、それで私の布を織りましたよ】

（ウ）野草のやさしさ、花の美しさそのものを歌い上げている。山上憶良が詠った七草の歌が該当するだろう。ただし、これは、クズの花だけを詠ったものではない。

（エ）植物の生命力を人に感染させたいと思わしむる呪術の対象または神霊の宿るものとして草木を歌い上げている。巻三の長歌に「……ほふ葛の　いや遠永く　万世に　絶えじと思ひて……」と、クズが枕詞として詠われたものがある。この枕詞は、単に比喩として用いられたのではなく、クズの強い生命力にあやかろうとした意図が汲みとれると言われている。大和は限りなく魅力に溢れた国である。山中からは、昔も今も、クズの根から葛粉を作っている。

クズ

**〈植物メモ〉**

◎**クズ（マメ科）**

日本各地および朝鮮半島、中国の温帯から熱帯に分布。山野に生えるつる性の多年草。北アメリカにも帰化し、二次林に広がり、やや困らせている。茎は長く伸び、一〇mになる。小葉は六～一七㎝。花は夏から秋、甘い匂いがする。根は肥大して、葛根と呼ばれ、葛粉を食用・薬用に用いる。葉は牛馬の飼料にする。和名は「クズカズラ」の略、一説には奈良県の「国栖《クス》」の地名によるという。漢名は「葛」。

## （4）ナデシコ・カワラナデシコ（ナデシコ科）

野辺見ればなでしこの花咲きにけり　吾が待つ秋は近づくらしも　作者不詳

【野辺の草花を見たら、カワラナデシコの花がきれいに咲き始めていた。私が待っていた秋が近づいてきたことよ】

自然を友とし、草木の変化に四季の移ろいを求めながら暮らしていた古人にとって、秋に先駆けて咲くナデシコは、季節を告げるに相応しい植物だと感じたことだろう。野辺を彩る日本人好みの可憐な草花である。いつだったか、ある山間地区を朝の草刈り作業後に通過したら、雑草がきれいに刈られている中で、点々とカワラナデシコの花だけが、刈らずに残されていたことがある。作業をしてい

カワラナデシコ

た村人が、美しいナデシコの花を刈るのを憚ったのだろうと思った。

「大和撫子」という言葉は、第二次世界大戦の頃、盛んに使用されたという。銃後を守る日本女性のしとやかさ、優しさを讃えたのであろう。今は、女子サッカー「なでしこジャパン」のたくましさ、かっこよさのほうが有名になってしまった。「大和撫子」の源は、中国から渡来した「唐撫子」に対する日本の「ナデシコ」であった。『枕草子』に、「草の花はなでしこ。唐のはさらなり。大和のもいとめでたし」と、唐撫子も大和撫子もともに、清少納言は賞賛している。唐撫子は現在の「石竹《セキチク》」、大和撫子は現在の〝川原に咲くから〟「カワラナデシコ」である。

ナデシコは、あの薄紅色の愛すべき花の姿が、「手を差しのべて撫でもしたいくらいに可愛い」という意味の名であった。別名に「とこなつ（常夏）」がある。春の初めから秋遅くまで花が見られるからである。「常夏」といえば、紫式部の『源氏物語』にも「常夏」の巻がある。奈良の長谷寺に参籠した玉鬘《たまかずら》の身の振り方について、光源氏がさまざまに苦慮する話が語られている。平安の人々はナデシコよりトコナツの名のほうが好きだったようである。

ナデシコはナデシコ科のカワラナデシコである。ナデシコ科は私の好きな仲間だが、母の日に使うカーネーションもナデシコ科である。この種は南ヨーロッパ原産の「オランダナデシコ」と「トコナデシコ」とを交配させて作り出した植物である。

ナデシコ科の仲間は茎にふくれた節があり、そこに葉が対生している。夏から秋にかけて、茎の上のほうで枝が出て、薄紅色の美しい花が付く。類似種に「エゾカワラナデシコ」があるが、萼の下の小さな包葉が二対四枚で、三対六枚の「カワラナデシコ」と異なる。

ナデシコの名前の由来は、「撫でし子」の意味で、子どものように可愛らしい花の様子から名付けられたのだろう。

大伴家持にもナデシコの歌がある。

わが屋外《やど》に蒔きしなでしこいつしかも　花に咲きなむ比《なぞ》へつつ見む

【我が家の庭に種を蒔いて育てたナデシコが、いつの間にか、きれいに咲いたことよ。美しいあなたと見比べながら、見ていますよ】

家持の夫人になる大伴大嬢に贈った歌である。草木を愛した家持は、野に咲くナデシコでは飽き足らず、庭に植えてまで愛したのであろう。

なお、なでしこは、その後も日本人に愛され続けた花である。西行にも次のような有名な歌がある。

かきわけて折れば露こそこぼれけれ　浅茅にまじるなでしこの花　　西行法師

【一面のちがやに混じって咲くなでしこの花。ちがやをかきわけて、そのなでしこを折ったら、キラリと露がこぼれるではないか】

『古今和歌集』の撰者の一人である凡河内躬恒《おおしこうちのみつね》も、隣の人に、庭先に咲いたナデシコを所望された時、次のような歌を作り、返答している。

塵をだにすゑじとぞ思ふさきしより　妹とわがぬるとこ夏の花　凡河内躬恒

【ナデシコの花が咲いて以来、塵も置かせまいと思っています。それは妻と私が仲睦まじく寝る床という名も含んだトコナツの花ですから】

「ごちそうさま」と言いたいような強烈な断り状である。万葉人は〝忖度〟などしないのだろう。その感情の率直さ、明快さに驚かされるほどである。

〈植物メモ〉

◎カワラナデシコ（ナデシコ科）

日本各地および朝鮮半島、中国の温帯から暖帯に分布。山野に生える多年草。高さ三〇～九〇㎝。花は夏から秋、淡紅色、雄しべ一〇本、花柱二本。萼筒は長さ二～四㎝で小苞が二～三対つく。種子は扁平の円形、径二㎜。別名「撫子」は可憐な花の様子に基づく。「ヤマトナデシコ」は「唐撫子《セキチク》」に対し「大和撫子」。類似種の「エゾカワラナデシコ」は小苞が二対。長野県内はこちらも多い。

## (5) オミナエシ

秋の田の穂向《ほむき》見がてりわが背子が　ふさ手折りける女郎花かも
大伴家持

【秋の田の稲穂の実り具合を見ながらあなたが、たくさん手折ってきたこのオミナエシの花よ】

越中国司として赴任し、最初に詠んだのがこの歌である。そしてこの歌に詠まれた「オミナエシ」を持って来た大伴池主が、

女郎花咲きたる野辺を行きめぐり
君を思ひ出たもとほり来ぬ
大伴池主

【オミナエシの咲いている野辺を行き巡って、貴方を思い出しながらあちこちまわってきましたよ】

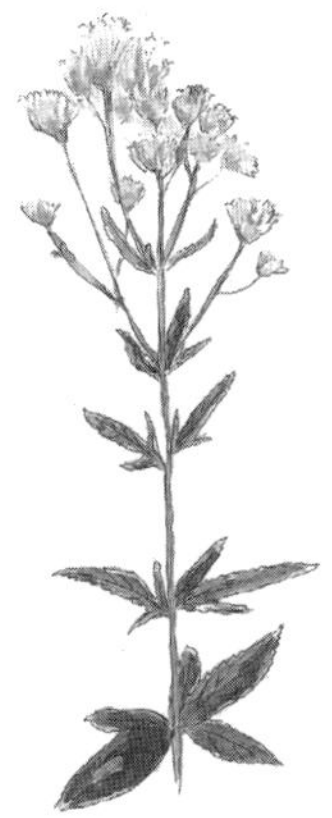

オミナエシ

と応じて詠んだ。池主は家持と同族で、国司の第三等官として新任国司・家持主催の宴に列した。家持の部下で、歌友だった人である。

『万葉集』に出てくる秋の七草は以上の五種で、以下の「フジバカマ」「アサガオ」は出てこない。

**〈植物メモ〉**

**◎オミナエシ・オミナメシ（オミナエシ科）**

東アジアの温帯から暖帯に分布し、日本各地の日当たりのよい山野に生える多年草。根茎は太く横に伏し、株腋に新苗が分かれて繁殖する。高さ約一m。根生葉は花時に枯れる。花は晩夏から秋。和名は「オトコエシ（男郎花）」に対し、優しいので女性にたとえ「オミナエシ（女郎花）」という。別名は「女性の食べる粟飯のような色」だから。オトコエシは「男性の食べる白米のような色」だから。だすれば、男女差別か？

## (6) フジバカマ

憶良の歌以外には、「フジバカマ」を読んだ歌はない。ただし、フジバカマの名には「蘭草」「香草」「香水蘭」というのもあるが、『万葉集』の題詞に、「天皇、大后の、共に大納言藤原家に幸《いでま》しし日、黄葉せる澤蘭一株を抜き取りて……」という表現がある。この澤蘭がフジバカマかどうかも不明である。

フジバカマ

〈植物メモ〉

◎フジバカマ（キク科）

関東地方以西、四国、九州および朝鮮半島、中国に分布。川岸の土手などに生える多年草。奈良朝時代に中国より渡来し、帰化。しばしば庭園に植栽する。高さ約一m。葉は対生し質は硬く、三裂し上面はやや光沢がある。花は秋。和名「藤袴」。漢名「蘭草」「香草」。香気があるので身につけたり、風呂に入れたりする。利尿剤になる。

## (7) アサガオ

山上憶良の歌以外にも、『万葉集』には「アサガオ」を詠った歌がある。

**顔は朝露負いて咲くといへど　夕かげにこそ咲きまさりけれ**

**作者不詳**

という朝顔を詠った歌がある。この朝顔について、今の「キキョウ」であるという説が有力であるが、他の説もある。

貝原益軒は、『花譜』の中で、次のように説明している。

「千葉あり単葉《ひとえ》あり。共に紅白あり。さしてよく活《い》く。和歌に朝顔とよめるはこれなり。万葉集の歌に、『朝がほは朝露をおびて咲くといへ夕かげ似こそ、咲きまさけれ。』とあるを以って、あさがおはむくげなるを知るべし。今世俗に、朝がほといへるは牽牛子《けんごし》なり。古今集にもけにごしとよめり」

これが、「アサガオ＝ムクゲ説」の始まりである。以降、「槿花一日栄なり」という語が盛んに使われ、はかないものをたとえていう常識の言葉となったといわれている。

「槿花」は「ムクゲ」で、朝開いて夕方しぼむ一日花である。ただし、「牽牛子」というのは今の「アサガオ」である。アサガオは薬草として伝えられたもので、『万葉集』のアサガオではないとされているが、異説では、すでにあったといわれ、『万葉集』のアサガオも今のアサガオであるという説もある。

貝原益軒の「アサガオ＝ムクゲ説」だと、気になるのが、他がすべて草本なのに、ムクゲだけは木本になってしまうこと。貝原益軒のアサガオ＝ムクゲ説に異を唱えたのはもちろん、牧野富太郎先生である。

『万葉集』にあるアサガオが何なのかを探るために、アサガオが詠まれた歌を憶良が詠んだもの以外でみてみよう。

（ア）　朝顔は朝露負ひて咲くといへども　夕影にこそ咲きまさりけれ　作者不詳

【朝顔の花は朝露にぬれて咲くというけれど、夕方の光の中にこそ、いっそう美しく咲くということだった】

（イ）　展転《こいころ》び恋ひは死ぬともいちしろく　色には出でじ朝顔の花　作者不詳

【身もだえして恋に苦しみ、死ぬようなことがあろうとも、はっきり態度に出して人には知られまい、朝顔の花のように】

（ウ）　言に出でて言はばゆゆしみ朝顔の　秀には咲き出ぬ恋もする　作者不詳

【言葉に出して言ったら恐ろしいので、朝顔の花のように人目を引くことのない恋もすることだ】

（エ）　わが愛妻《めづま》人は離《さ》くれど朝顔の　年さへこごと吾は離《さ》かるがへ　東歌

【私のいとしい妻を人は離そうとするけれども、朝顔が毎年からまるようにわたしはどうして離れよう】

（イ）の中の「いちしろし」だが、「いちし」はヒガンバナ、「いちしろし」は赤色の花である。紫色の「キキョウ」ではない。

（エ）の歌からは、つる性の野草が浮かんでくる。現在の朝顔そのものではないかと思われる。

（ア）、（ウ）は「キキョウ」でも可だが、他は「キキョウ」とは思えない。そのために、キキョウ説だけでなく、ムクゲ説、ヒルガオ説、アサガオ説などの諸説があり、定説はないというのが結論である。

春の七草が、旧暦の一月七日に七草粥として食用にするものなので、緑色の野菜が選ばれているのに対し、秋の七草は観賞用にするものである。旧暦の八月七日の七夕祭りの頃（立秋）、ハギ、ススキ（オバナ）、クズ、（カワラ）ナデシコ、オミナエシ、フジバカマなどの美しい花の仲間に入るのは、やはり、キキョウが一番ふさわしいと考えたのだと思う。

山上憶良が、上記の七種を秋の七草に選んだ理由について、植物研究家の丸山利雄先生は、これらに共通する点として以下の点を指摘している。

・どれも里近くの野山で（普通に）見られる植物であること
・花の時期が秋（八～十月）で、それぞれ特徴のある美しさを持っていること
・花の時期が長く、三週間以上も続くこと
・どれも日本にも中国にもある植物であること（山上憶良が中国にならって七草を選んだ証拠かもしれない）

キキョウ

**〈植物メモ〉**

**◎キキョウ（キキョウ科）**
東アジアの温帯に分布し、北海道西南部から九州、琉球列島の日当たりのよい山野の草地に生え、また花は観賞用、根は薬用に植栽されている多年草。茎の高さは四〇～一〇〇㎝。傷つくと白い液を出す。花は夏から秋に咲き、大形で青紫色、園芸品では八重咲き、白花などもある。『万葉集』のアサガオは本種説が有力である。

## 二　春の七草

「秋の七草」は、山上憶良の歌から定まったので取り上げた。しかし、春の七草そのものは、『万葉集』では詠われていない。

「春の七草」は「秋の七草」とその意味（選んだ趣旨）がどのように違うのだろう。秋の七草は花の美しい観賞に耐えられるものばかりだが、正月七日に食べる「七草粥《がゆ》」に入れる七種類の野草である春の七草はどうだろう。

七草粥を食べる風習は日本では鎌倉時代からで、『河海抄《かかいしょう》』に、「芹　なずな　御行　はくべら　仏座　すずな　すずしろ」と歌に詠み込まれている。現代名に直すと、芹＝セリ、なずな＝ナズナ、御行＝ハハコグサ、はくらべ＝ハコベ、仏座＝コオニタビラコ、すずな＝カブ、すずしろ＝ダイコンとなる。七草粥を食べる風習の始まりは、陰陽五行説から生まれた占い「易」にある。易では一月七日を「人日《じんじつ》」と呼び、この日、人間に災いが訪れるとされ、その災危から逃れるためには粥を作って食べるのがよいとされた。この言い伝えから、人日に粥を食べると邪気を祓い、無病息災が保証されるという信仰が生まれた。また、緑が乏しいこの季節に青々とした野草の生命力を体に取り込むことで、健康を願った古人の想いもうかがえる儀式でもある。前述した観賞用として知られる秋の七草が山上憶良によって選定されていたが、食用としての春の七草が定着したのはもっと後のことである。

七種《ななくさ》の行事は「十二種菜」「七種菜」などとして、平安時代以前から宮中行事として行われていたよ

うである。ただし、この春の七草を

せり　なずな　ごぎょう　はこべら　ほとけのざ　すずな　すずしろ　これぞ七草

と詠んでいる。ところが、この歌は誰がいつ頃作ったのかは明らかではない。万葉の時代には、今日私たちが知っている春の七草はまだ知られていなかったようである。この歌の出処を、多くの書物は『源氏物語』の注釈書である『河海抄』（一三六七年、四辻善成著）としている。ところが、これ以前の鎌倉時代後期の書物である『年中行事秘抄』（永仁年間、一二九三〜一二九八年）にすでに記載されているが、上記の五七調ではなく、七五調で、

すずな　はこべら　せり　なずな　おギョウすずしろ　ほとけのざ　これぞ七草

と詠まれている。そして、セリは三番目になっている。この配列は『河海抄』も同じなので、『年中行事秘抄』がその出処となっていると思われる。ただし、おもしろいことに歌の結びには、「これぞ」「これら」「これや」「これも」の四種類の記述があるという。どれが正しいかは決め難いが、前に並べた五種は野草なのに対し、後の二種は野菜である。とすると、「すずな　すずしろも七草」も一理ある。

春の七草のうち、『万葉集』には、「セリ」「ハコベ」「スズナ」「ナズナ」の四種しか詠まれていな

いのは意外であり、不思議である。

## (1) セリ（セリ科）

セリは春の七草「せり・なずな・ごぎょう・はこべら・ほとけのざ・すずな・すずしろ」の何とその筆頭に挙げられているのである。

(ア) あかねさす昼は田賜《た》びてぬばたまの　夜の暇《いとま》に摘める芹これ　葛城王《かつらぎのおおきみ》

【昼は田を人々に分け与える仕事で忙しいので、夜の暇な時に摘んだセリがこれよ。召し上がってください】

セリは古代日本人の春の菜として欠かせないものであった。多忙な中で、あなたのために、ようやく手に入れたものと、相手への好意が示された歌といえるだろう。男性の女性への思いがこもった行為といえる。

葛城王は、後に左大臣になった橘諸兄《たちばなのもろえ》。諸兄が若かった七二九年、山城国で口分田を分け与える班田司であった時、薩妙観命婦に贈った歌である。昼間は公務に従事して忙しいので、夜になって暇になってから、暗闇の中で一所懸命にセリを摘んだ。

セリ

命婦は天皇に直接仕える女官。セリを受けた命婦の諸兄への返し歌は、

（イ）ますらをと思へるものを太刀佩《は》きて可迩波《かには》の田居《ゐ》に芹そ摘みける

【立派な太刀をつけて堂々としていらっしゃるあなたが、お仕事を終えてから私のために、夜の間にこんなセリを摘んでくださってありがとう】

ちゃんと、相手の好意を理解していることが分かる。めでたしめでたしである。

**〈植物メモ〉**

◎セリ（セリ科）

日本各地および千島南部、サハリン、朝鮮半島、台湾、中国、マレーシア、インド、オーストラリアの温帯から熱帯に分布し、水湿地に生える多年草。花は夏で、白色の小花を多数つける。秋に匍匐枝の節から新苗を出して越冬する。高さ二〇～五〇㎝。香気と歯ざわりが好まれ、古くからお浸し、和え物、汁の実などとして食用とされ、栽培もされている。昔は水が残った水田の入り口などに生えているのを採った記憶があるが、今は水田では見かけなくなり、寂しい気がしている。名の由来の一つには、「新苗がたくさん出る様子が競り合っているようだから」という説がある。セリの古名は「都加都美《つかつみ》」。別名は「白芹」「根白草」「白根草」「田芹」など。

## （2）ナズナ（アブラナ科）

明日よりは若菜つまんとしめし野に　昨日も今日も雪はふりつつ

【明日こそ若菜を摘もうと湿った野に来たが、昨日も今日も雪が降って摘むことができないよ】

この和歌の「若菜」は多分「ナズナ」であろう。七草を摘む頃のナズナはまだ茎が立たず、根生葉が地面に張り付いたようになっている。「～ナ（菜）」と名付けられたものは「なむべきもの」（食用としたもの）である。

ナズナ

〈植物メモ〉

◎ナズナ（アブラナ科）
世界の温帯から暖帯に分布、各地の道端、田畑や庭の隅などに普通に見られる越年草。高さ一〇～七〇㎝ほど、根生葉は束生し地面に接し柄があり、長さ二～一三㎝。茎上葉は無柄。花は春、花後に花序は伸びる。春の七草の一つ。名は「撫菜」の意。別名は「果実の形が三味線の撥《ばち》に似る」から。漢名は「薺」。別名は「ペンペングサ」。

## （3）ゴギョウ・ハハコグサ（キク科）

東アジアの温帯から熱帯に分布し、日本では各地の道端、畑、荒地などに普通に生える越年草。茎は高さ二〇～三〇㎝、葉とともに白軟毛で覆われる。花は春から夏、「ハハコグサ」は本来は「ホオコグサ」が正しく、茎の白毛や花の冠毛が〝ほおけ立っている〟ことに因む。漢名「蓬高《ほうこう》」の音読み「ほうこう」の転訛「ホウコ」からとの説もある。

ハハコグサ

## （4）ハコベ（ナデシコ科）

いざ子ども香椎《かしひ》の潟《かた》に白妙の　神さへぬれて朝菜摘みてむ　大伴旅人

【早朝から乙女たちが、香椎の潟で、白い衣を着て、髪の毛を濡らしながら、ハコベを摘んでいるよ】

早朝から、乙女たちが若菜＝ハコベを摘んでいた姿が偲ばれる。この歌の「朝菜」が「ハコベ」との説が有力である。

「ハコベ」は春の七草の一つ。昔は家のまわりにも多く見られた普通の草だが、市街地にはほとんど見られなくなってしまった。市街地で見られるのは帰化植物の「コハコベ」である。

筆者が幼かった頃、家にはヤギやウサギやニワトリなどがいたが、それらの家畜の大好物だった草の一つがこのハコベだったことを覚えている。本当においしそうに食べていた。

昔は家畜だけでなく、赤ん坊を産んだ母親が、産後の血をきれいにし、乳の出をよくするために薬として使ったという。そのほか、この草の茎や葉を塩水で揉んで、緑色にしたものを絞り出し、蒸発させ、葉緑素入りの塩を作り、これで歯を磨いた。口のにおいが消え、歯が丈夫になったとのことである。

名について、平安時代の日本最古の辞書と言われる『新漢字鏡』(『僧昌住撰集』、八九八年)には、「漢名繁《はん》。和名、波久邊良《はくべら》」。また『本草和名』(深江輔仁、九一八年)にも、「漢名繁縷《はんる》、和名波久倍良《はくらべ》」とある。『本草綱目』(李時珍、一五九六年)には、漢名「繁縷」は、「よく繁る糸」の意とある。この草の中心に一本の糸状の維管束があることを意味しているものであろうか。また、江戸時代の『東雅』(新井白石、一七一九年)には、「繁縷、ハクヘラ、義詳ならず、今俗にハコベといふもの是也とは、繁縷の音の転ぜしに似たり」とある。『倭訓栞』(谷川士清、一七七七年)には、「ハクヘラ、(中略)葉をくばりしくの義にや、今ハコベといへり、丹波にひんずり、賀州にあさしらげといふとぞ」とある。「葉をしばりしく」の意味は、「葉が地面に広がり配った草の形」↓ハコベになったとの説だが、ハコベの名の由来は不詳。

園の雨ははこべ最もみどりなる　富安風生

一方、「アサシラゲ」の呼び名は、「朝開け」が訛った言葉で、この草は、朝日の光を受けて小さい目立たない花を盛んに開花することから付いた名前。遠く万葉人は、すでに花が朝早く咲くことを知っていて、「朝菜」して詠んでいる。

私個人の思い出では、ハコベを食べたというより、ウサギやヤギ、それにニワトリのエサにした記憶のほうが強い。古くからハコベには、数多くの方言（一〇〇個以上）があり、その中にアサシラゲのほかに、「ヒヨゴグサ」「ピヨピヨグサ」「スズメグサ」などがあり、妙に納得したことがある。朝菜は朝のおかずにした野菜のことで、ハコベに限らないとの説もある。だとすれば、『万葉集』にはハコベが出てこないことになる。

なお、ハコベは、早春から秋まで庭や田畑、路傍など、いたるところに青々と繁り合った冬の青草。ところが、夏にはピッタリ枯れる。それで思い出すのが、我が信州が生んだ文豪・島崎藤村の詩集『落梅集』の一節の「小諸なる古城のほ

ハコベ

とり　雲白く遊子悲しむ　緑なす繁縷は萌えず　若草もしくによしなし……」である。藤村の詩は、実に磨き抜かれた美しい言葉が散りばめられ、華麗、気品の高い作品ばかりだが、この詩もしかり。ハコベは小鳥のエサの雑草にするしかないと思っている私たちも、この詩を口ずさんでいると、つい、ほのぼのとした詩情に誘い込まれてしまうほどである。七草の中でも、ハコベは日本各地に分布し、日当たりの良い・悪いに関係なく、どこにでも生えている。その上、草質も軟らかくて良質で、地面を覆うほどに生えているので、採集量も多く、その期間も春から秋までと長いことから、食用野草として最適だった。

なお、ハコベには、普通の「ハコベ（ミドリハコベ）」と「コハコベ」の二種がある。コハコベは、葉が小さく濃緑色、茎の長さは短く赤紫色。一方のミドリハコベは、葉が大きく、明るい緑色、茎は淡緑色。茎の片側だけに軟毛が生え、次の節では反対側に一列に生える。さらに、ミドリハコベより大きい「ウシハコベ」もある。一般に痩せ地のものは小さく、肥土のものは大きく育つ。花は茎頂に小さい白花が群がって咲く。草は暑さに弱く、夏枯れて種子で過ごして、秋から夏まで花をつける（越年草）。

若い先端部を摘み取り、熱湯にサッとくぐらせ、浸し物、和え物、汁の実、油炒め、胡麻和え、刻んで飯や粥に入れて炊くなど、料理法はいろいろ。昔は民間薬として、全草の煎じ汁を利尿、催乳、浄血作用に服用した。

〈植物メモ〉

◎ハコベ（ナデシコ科）

世界の寒帯から熱帯まで広く分布。道端や畑にも普通に生える越年草。軟らかい草質。茎は束生、下部は横に伏し、斜上し、長さ一〇〜三〇㎝、片側に一列に毛がある。葉は長さ一〜二㎝。花は春。春の七草の一つで食べられる。小鳥のエサにもする。別名の「アサシラゲ」は日が当たると花が盛んに開くので「朝明け」の転訛。

**（5）コオニタビラコ・ホトケノザ（キク科）**

本州、四国、九州および朝鮮半島や中国中部に分布し、田のあぜ、湿り気のある藪の草むらなどに生える二年草。高さ一〇㎝ほど。根生葉はロゼット状で、茎葉は互生する。ともに羽状に分裂する。茎、葉ともに軟らかい。花は早春、日光を受けて開く。「タビラコ」とは、葉が田の面にロゼット状に生える様子を言ったもの。食用になる。春の七草の一つの「ホトケノザ」は、シソ科の「ホトケノザ」ではなく、本種「コオニタビラコ」だと言われている。別名は「カワラケア」。

コオニタビラコ

## （6）スズナ・カブ（アブラナ科）

明日よりは春菜採まむと標めし野に　昨日も今日も雪は降りつつ
山部赤人

【明日からは春菜を摘もうと野にやってきたが、昨日も今日も雪が降ってしまい、摘むことができません】

「スズナ（カブ）」は、『万葉集』に「アオナ」「カブナ」「ハルナ」「ナ」などの名で、一〇首ある。まだ雪が降る早春の頃から、春を待ち受け、若菜を摘むのを楽しみにしていたことがよく分かる歌である。

**〈植物メモ〉**

◎スズナ・カブ（アブラナ科）

古く中国から渡来し、野菜として畑に栽培されている越年草。根部は多肉質、品種により色・形が異なる。茎は直立し、高さ九〇㎝ほど。根生葉は大形で束生、長さ三〇～六〇㎝。花は春、花弁は長さ一㎝ほど。黄色。根および葉を食用にする。栽培品種が多い（野沢菜もその一つ）。その名「カブ」は「株」に通じ、「頭」という意

カブ

味で、根が塊（頭状）になることから。別名は「カブラ」「カブナ」。

## （7）スズシロ・ダイコン（アブラナ科）

ヨーロッパ原産、古くに中国大陸を経て日本に渡来した越年草。重要な野菜として広く畑に栽培され、多数の品種がある。長大な多肉根をもつ。根生葉は束生する。花は春、高さ七〇～一〇〇㎝ほどの地上茎の先につけ、淡紫色または白色。名は「大根」の音読み。「スズシロ」は「ダイコン」のことを指す。

ダイコン

# 第五章　『万葉集』の滑稽歌四題

第三章では、〝悲劇の〟皇子を詠った歌を取り上げたので、本章では、その逆の〝ユーモアに満ちた〟歌に詠われた植物たちを紹介することにする。

## （1）カラタチ（ミカン科）

枳《からたち》の棘原《うばら》刈り除け倉立てむ　糞遠くまれ櫛造る刀自《とじ》

【からたちのいばらを刈り除けて、倉を立てよう。糞を遠くにひれよ】

この訳は、土屋文明著の『万葉集 私注』の名訳である。あまりにも露骨で、眉をひそめたくなると言った人もいるが、いわゆる滑稽歌である。『万葉集』では、「カラタチ」の歌はこの一首のみ。残念ながら、カラタチの花の美しさを詠ったものではない。一種の遊びの歌である。

しかし、短歌の生みの親である正岡子規が「この滑稽歌の手法精神こそが今日の短歌界の沈滞を救うものだ」と主張したのは有名なことである。子規はこの歌について、

「歌に糞を詠まずといふ人あれど、この歌には詠みこみあり。しかも糞まると詠みけり。俗語の使用

によって趣向は変化するのだから、この精神を学べ。真面目の趣を解して滑稽の趣を解せざる者は共に文学を語るに足らず」

と、ズバリと説いている。

**〈植物メモ〉**

**◎カラタチ（ミカン科）**
中国大陸中部の原産で、日本へはすでに古代に朝鮮半島を経て渡来し、生垣やミカン類の台木として各地で植栽される。ときには野生状態化したものも見られる。高さ二～三mの落葉低木。枝は稜角があり、強大で扁平な棘が付いている。花は春、葉より先に一個ずつ開く。果実は三～四㎝、芳香があり、枳実《きじつ》と呼ばれ薬用になる。

### （2）ヘクソカズラ（アカネ科）

「ヘクソカズラ」という植物名を聞けば、正直、嫌な連想をする。こんな名前を付けられ、可哀そうである。この植物を初めて知った時には、つる性で、他物に巻き、困らせるものだから、帰化植物だと思っていた。ところが、一首のみだが、ちゃんと『万葉集』に入っていてビックリした覚えがある。それにしても、滑稽歌とはシャレになり、実におもしろいではないか。

## クズ花にはひおほどけるくそ葛　絶ゆることなく宮づかへせむ　高宮の王

【クズにさえ覆いかぶさってしまうヘクソカズラのように、絶ゆることなくいつまでも宮仕えしよう】

高宮の王は宮仕えしていた役人。「糞葛」という名前から、当時の人々に嫌がられるつる植物だったことがよく分かるような気がする。それにしても、〝糞〟と名付けられた本種が可哀そうである。

現在の和名は、さらに〝屁〟までつけ、「屁糞葛《へくそかずら》」とした。意味はもちろん、「屁や糞のにおいがする」から。植物を愛する人の中には心優しい人が多い。〝ヘクソカズラ〟では可哀そうと、別名を付けてくれた人たちがいる。

一つは「ヤイトバナ」。花のまわりが白くて、中央が赤いことから、これをお灸の痕と見て「灸花《ヤイトバナ》」と。もう一つは「サオトメバナ」。花のまわりは灰白色だが、中側は美しい紅紫色だから、美しい早乙女にたとえてのもの。

学名は一つだが、和名は決まりがない。生き残り、多くの方々が使うものになる。三つの名があるが、みんなに知れ渡っているのはなんと「ヘクソカズラ」なのである。やはり、臭いが本種の一番の特質だからだろう。私個人は「サオトメバナ」にしたいが、この名を使用しても知っている人のほうが少ないような気がする。

ヘクソカズラ

〈植物メモ〉

◎ヘクソカズラ・ヤイトバナ・サオトメバナ（アカネ科）

日本各地および朝鮮半島、中国、フィリピンなどの温帯から暖帯に分布。荒地や山野の草地に生える多年草。茎は長いつるで他物にからみつく。葉は長さ四～一〇㎝、茎とともに毛がある。花は夏から秋、花冠は長さ一㎝ほどの白色筒形で、先端は開いて五浅裂、内側は暗紅紫色で美しい。果実は径六㎜ほど。和名は「全体に悪臭がある」ため。

これらの植物は、とにかく夏に強い野草たちである。最近、異常気象では悩まされ続けである。本稿執筆時も、梅雨の前半に雨が少なく、せっかく植えたサツマイモやスイカの苗が枯れてしまった。後半になり、ようやく雨が降り、ほっとしたところだ。そんななか、雑草といわれる野草たちは、元気に繁茂している。それらの雑草たちはなぜ、暑い中で生長できるのだろうか？

『万葉集』では、この名が嫌われたのか〝ヘクソカズラ〟の歌はこの一首しかない。作者・高宮の王がどんな来歴の人かははっきりしない。歌は三句までヘクソカズラの広がり茂る様を述べ、そのつるが冬枯れても絶えることが無いように、私は宮中奉仕をしっかりしようという意味だろう。

## （3）サトイモ（サトイモ科）

蓮葉《はちすは》はかくこそあるもの意吉麻呂《おきまろ》が　家なるものは芋《うも》の葉にあらし

長忌寸意吉麻呂《ながのいみきおきまろ》

**【ハスの葉とは、このようにこそあるものだ。わたしの家にあるものは、似ていて非なるサトイモの葉なのだ】**

サトイモを詠んだ万葉歌はこの一首のみ。歌は、よそで美しい女性を見て、自分の家の妻と比べて詠んだもの。庶民的で野趣に富んだサトイモに自分の妻をたとえ、一見、落胆しているようにとれるが、実はその奥底には、逆に、自分の妻への深い愛情が感じられる。

作者の意吉麻呂《おきまろ》は、持統・文武朝の歌人で、全部で一四首の歌を詠んでいるが、そのうち八首までが、この歌のような〝戯笑歌〟である。彼は、このような気の利いた即興歌の名手だったのである。

サトイモはインドを中心とした熱帯アジア原産の多年草。日本には古代（平安時代初期との説もあるが、他説では縄文時代後期にすでにあったとされている）から渡来し、栽培されてきた。「ヤツガシラ」「ヤマトイモ」「メアカ」「ミズイモ」など、品種が多い。初秋には花茎を伸ばして淡黄色の仏炎状の花を老株に稀につける。旧暦八月十五日の満月（仲秋の名月）の頃は、ちょうどサトイモの収穫の時期にあたり、「芋名月」と呼び、豊作への感謝を込めて芋をお供えする習わしがあった（なお、旧暦九月十三日の十三夜を「晩秋の名月」というが、こちらは、「栗名月」とか「豆名月」といい、栗や豆をお供えしたのだろう）。漢名は「芋」。「タロ」と総称されるイモ類の中で代表的なものである。長野市内に「芋井」という地名があるが、「サトイモがたくさん採れた地だから」か。

ＮＨＫの大河ドラマ「花燃ゆ」の一場面にサトイモ畑が出てきたが、郷愁を感じさせる野菜の一つである。

## （4）ウナギ（魚類）

『万葉集』の歌を詠み進めていたら、植物ではないが、驚いたというか、思わず笑ってしまったものがあった。何と「土用のウナギ」が、万葉時代からあったのかもしれないということを知った時である。

タイトルもおもしろい。「痩せたる人を笑ふ歌二首」とある。正に滑稽歌である。

石麿《まろ》にわれ物申す夏痩に　よしといふ物そ鰻捕りめせ

【石麿さんに申し上げます。夏痩せに効き目はあるということですよ、鰻を捕って召し上がってください】

痩す痩すも生けらばあらむをはたやはた　鰻を捕ると川に流るな　大伴家持

【痩せていても、生きているだけでも、それでよかろうものを鰻を捕るなどと言って川に流されるなよ】

この歌を詠ったのが大伴家持だというのもおもしろい。家持は、意表をついた笑いがとれ、滑稽とか洒落も理解できた、奥ゆかしい人だったのである。家持は、単なる繊細優美なだけの歌人ではなかった。

## コラム④　からたちの花

万葉の時代の日本人の心を引き継いでいるものに童謡・唱歌があると感じている。私たちが幼い頃、仲間と歌い、また、一人口ずさんだものである。カラタチといえば、北原白秋／作詞・山田耕筰／作曲の「からたちの花」が浮かんでくる。この歌は、次のような感動秘話のもと誕生した歌なので、ちょっと長いが引用する。正に、〝滑稽歌〟の逆の〝悲惨歌〟である。

からたちの花　　作詞／北原白秋　　作曲／山田耕筰

一、からたちの花が咲いたよ　白い　白い　花が咲いたよ
二、からたちのとげはいたいよ　青い　青い　針のとげだよ
三、からたちは畑の垣根よ　いつも　いつも　とおる道だよ
四、からたちも　秋はみのるよ　まろい　まろい　金のたまだよ
五、からたちのそばで泣いたよ　みんな　みんな　やさしかったよ
六、からたちの花が咲いたよ　白い　白い　花が咲いたよ

この歌が生まれた経過について、童謡・唱歌の本に、概略、次のように説明されている。

「からたち」は白秋の生家近く、小学校に通う道に植えられていた垣根などによく用いる小ぶり

の柑橘類の木である。白秋の家は、代々柳川で「柳河藩」の御用達や「古問屋《ふっといや》」として栄えていた。彼が早大に入学した十八歳の時、生地・沖端《おきのはた》に大火があった。明治維新後、藩の御用達問屋としての特権は失われ、それまでに貯えていた資産をつぎ込んで始めた酒造業であったが、五千石の酒が一気に焼失してしまった。彼の父は焼失した酒造に変わるいろいろな事業を模索したが、種田山頭火や野口雨情の家と同じく、封建の特権にあぐらをかいて呑気に生きてきた旦那衆らは、〃生き馬の目を抜く〃と言われるほどのたたきあげの商人たちには歯が立たず、三者とも家業の復興を長男の彼らに託した。しかし、三人の息子とも早大の文科に入り、詩人を夢見てそれに没頭する毎日、家業復興を期待するのは土台無理だった。

山頭火は父とともに山口県有数の土地を失って生地を去り、雨情は豪商の娘を貰ってその実家に再建を委ねた。白秋はその多彩な才能を発揮して歌誌の発行、新聞歌壇の撰者、各地から依頼された民謡作りと八面六臂《はちめんろっぴ》の活躍をして、父母や弟妹を養った。白秋のそういう努力の背景には、人一倍、溺愛してくれた父母の恩寵に報いる彼の思いがあったのだろう。幼少時代、誰よりも大切に、幸せに育てられた白秋は、その後、誰よりも苦難多い人生を辿らなければならなかった。

「からたちの花」にしても、彼の処女作ともいえる「思い出」にしても、誰よりも幸せな「みんな　みんな　やさしかった」幼少時の限りない恵まれた日々の思い出が、彼を生涯支え、何ものにも負けることのない「王者の風格」を与えた。そして、白秋はそのおおらかな性格で誰からも愛され、尊敬されてその生涯を終えた。

こうした説明から、「からたちの花」は故郷・九州柳川で生まれた白秋の人柄が生み出したものとの印象があった。しかし、五番の「からたちのそばで泣いたよ」、それなのに「みんな　みんなやさしかったよ」の意味が長い間、理解できないでいた。

今回、作曲の山田耕筰の自叙伝『自伝　若き日の狂詩曲』を読み、その謎が解けたので紹介する。

彼は明治十九年（一八八六）、東京・本郷で、医師・キリスト教伝道者・山田謙造、母・ひさの次男として生まれた。十歳の時、父が死んでしまった。そして、母方の伯父・松井家の養子となった。父の遺言で、田村直臣経営の東京・巣鴨の勤労学校「自営館」に入った。実はこの時代の生活が大変だったのだ。「白い花　青い棘《とげ》」と題した節に、この歌が生まれる経過が分かる箇所がある。足かけ五年の「自営館」での仕事は活版所の職工だった。それが厳しい毎日だった。その場面を引用する。


……秋になると私の眼は輝いた。からたちの実が色づくからだ。はじめはすっぱくて咽《む》せかえるほどだったが、馴れると仲々よきものだった。殊に生の野菜と一緒に食べると、下手なサラダなどより数等いい味でした。……工場で職工に足蹴にされたりすると——活版職工は大体両手がふさがっているので、殴るよりも蹴る方が早かった——私は「からたち」の垣まで逃げ出し、人に見せたくない涙をその根方に灌いだ。そのまま逃亡してしまおうと思った事も度々ではあったが、蹴られて受けた傷の痛みが薄らぐと共に、興奮も静まった。涙もおさまった。そうした時、畑の小母さんが示してくれた好意は、嬉しくはあったが反ってつらくも感じられた。ようやく乾いた頬がまたしても涙に濡れるからだ。からたちの、白い花、青い棘、そしてあのあまい金の実、それは自営館生活における私のノスタルジアだ。そのノスタルジアが白秋によって詩化され、あの歌となったのだ。

白秋が耕筰の自営館時代の苦しい悲しい話を聞き、それを詩に表してくれて出来上がったのだ。疑問も解けたように思う。

ところで、白秋にも耐え難い苦痛を味わったことがあった。二十八歳の時、隣家に住む松下俊子夫人が夫の日常の仕打ちに耐えかねて窮状を訴えたことから始まった恋愛は、世慣れない白秋が罠にはまり込んだ結果、姦通罪に問われ、告訴され未決檻につながれてしまったのだ。これは白秋にとって、暗黒の日々だったが、このスキャンダルは世の中を素早く走り抜けていった。示談で解き放たれたとは言うものの、天国から地獄の底へと突如落下した思いだった白秋に残った傷は深かった。

# 第六章　万葉人の鋭い感受性（植物観察力）

『万葉集』に詠ぜられている約四五〇〇首の中には、植物名が詠みこまれたものが約一五〇〇首ある。本章では、それらのうち、万葉人の鋭い感受性をもって植物を観察した上で詠われたことがよく分かるものを取り上げる。万葉人の観察力には、驚かされるばかりである。

## （1）ヤブラン（ユリ科）

愛《かな》し妹をいづち行かめと山菅《やますげ》の　背向《せかひ》に寝しく今し悔しも　　作者不詳

『万葉集』に「ヤマスゲ」と呼ばれる草の歌一一首がある。その多くは、ヤブスゲの美しさを歌ったものではなく、枕詞として次に続く言葉を導き出す役目を果たすものである。

この歌の場合は、後ろ向きに寝るという意味の「背向《せかひ》」を導き出しているが、ほかには「乱れる」という語を導く場合もある。ヤマスゲと呼ばれる草の様が〝乱れた感じ〟で、それぞれの葉が外の方向に広がることが詠われていたのだから、現在の「ヤブラン」でも、「リュウノヒゲ」でもよいと言われている。谷間や竹やぶに株をなして茂っているヤブランの葉は四方に広がっている。

ヤブランは、夏、葉の間に立ち上がった花茎に紫の小花が咲く。木々の下陰に茂る目立たない草であるが、その実は小鳥たちの最高の食物となり、ある日瞬く間に食べられてしまうこともある。『万葉集』のこの歌は、ヤブランの葉のそれぞれの方向に広がった様を観察した人の歌声である。作者は愛する女性に先立たれてしまった。「愛しい妹はどこにも行くまいと（安心して）、背中合わせに寝たことが残念に思われるよ」と嘆いている歌である。歌は巻十四の最後の一首であるが、わざわざ「挽歌」と題されている。名もない平凡な生活を送った男の歌であるが、仲睦まじかった二人が、ある日、一人になってしまったときの嘆きの歌であろう。

嘆きの歌と言えば、次の歌もおもしろい。

わが背子をいづく行かめとさき竹の　そがひに寝しく今し悔しも　　作者不詳

この歌は前述の歌の逆で、主人に先立たれた女性の嘆きであろう。ヤブランが、ここでは「さき竹」になっている。さき竹は割った竹のことで、割った竹を置くと後ろ向きになるので、夜後ろ向きに寝たことを導いている。女性の嘆きには竹、男性の嘆きにはヤブランと分けなければならない理由はない。詠い手の生活に密着した植物を自由に置きかえて詠えばよい。相手に先立たれた今になって、冷たく過ごした一夜を悔やむ心は、誰にも理解できる嘆きである。はじめ、誰かが思わずつぶやくように作った歌が、やがて人々の共感を呼び地方に広がっていった民謡だと言われている。『万葉集』には、この歌のように作者不詳の歌が数多くある（全体の五三・九％）が、作者は分からずともその歌の心が誰にも共感でき、共感した者が口ずさんでいるうちに、『万葉集』の編者にも伝わり、取り上げられることになったのだろう。偉大な日本民族の古典『万葉集』の基本となっているのは、このような無名の人々の歌だったのだ。それが『万葉集』の魅力である。

さらにヤブランには、有名な次の歌もある。

ぬばたまの黒髪山の山菅に　小雨降りしきしくしく思ほゆ　作者不詳

【黒髪山のヤブランに小雨が降りしきるように、しきりにあなたのことが思われます】

この歌は「物に寄せて思いを述べた歌」の一つである。山菅は「ジャノヒゲ」であるとの説や、「山にあるスゲ類の総称」とする説などがあるが、『万葉集』の歌の中では「実のない」「長い根」などの様子を、人への想いに例えて登場することが多い。

**〈植物メモ〉**

**◎ヤブラン（ユリ科）**

ヤブランの花期は八～十月。本州、四国、九州、琉球列島、および朝鮮半島南部、中国の暖帯に分布し、樹林の陰に生える多年草。高さ三〇～五〇㎝。葉は幅一㎝ほどで、表面は光沢があり、上部は垂れ下がる。枯れるとシュロ毛のようになる。花は夏、種子は裸出し、径六～七㎜で緑黒色。根は薬用になる。名の由来は「藪《やぶ》の中に生え、ランの葉に似る」から。「リュウキョウヤブラン」に似るが、走出枝を出さないので見分けられる。

類似種に、リュウキョウヤブランのほかに、「ヒメヤブラン」「ジャノヒゲ（リュウノヒゲ）」「オオバジャノヒゲ」などがある。

**◎ヒメタブラン（ユリ科）**

日本各地および朝鮮半島、中国、フィリピンに広く分布し、原野の日当たりのよい芝地などに生える多年草。葉は軟らかく高さ一〇～二〇㎝。根茎は短く、長い走出枝を出す。花は夏に咲き、淡紫色でまれに白色。花序は決して曲がらず上向きに咲く。種子は裸出し、球形で黒色。和名は「やさしい姿」から。

**◎ジャノヒゲ・リュウノヒゲ（ユリ科）**

日本各地、および朝鮮半島、中国の温帯から亜熱帯に分布し、山林の陰に生える多年草。人家の軒下などにも植栽される。葉は長さ一〇～三〇㎝で硬い。花は初夏から夏に咲き、淡紫色でまれに白色。果実状に見える種子は〝ハズミ玉〟といい、女児の遊びに使われた。根は薬用になる。和名「ジャノヒゲ」（蛇のひげ）はその葉状に由来。漢名「書帯草」、飾り物にもされる。

**◎オオバジャノヒゲ（ユリ科）**

中部地方以西、四国、九州の山林中の陰地に生える多年草。根はところどころ膨れる。根茎は短く、走出枝が地中を浅く伸びて繁る。葉は群がり細長く、長さ一五～三〇㎝、幅四～六㎜、厚みがあり、丈夫。花は初夏、偏平で丈夫な花茎を出し、淡紫色の小花を総状に二～三個ずつつける。

## （2）ホンタデ・ヤナギタデ・マタデ（ヤナギ科）

わが屋戸の穂蓼古幹《ふるから》採《つ》み生《おは》し　実になるまでに君をし待たむ　　詠人未詳

【わが家の、穂タデの古いからを摘み集めて、その種子を蒔き、さらに実になるまでの長き間を待とうよ】

この歌は、特定の一人の歌ではなく、広く若者たちの間に歌われた民謡であると言われている。男が歌っても良いし、女が歌ってもかまわない、〝嫌みのない〟歌である。

私は、地区の人権啓発委員会の指導員をしたことがある。某地区の研修会の今年のテーマは「男女平等とは?」だった。自己紹介の後、持参した三種類のタデの和名を紹介した。

「ホンタデ」「イヌタデ」そして「サクラダデ」。「ホンタデ」は「マタデ」とも言う。「ヤナギタデ」の由来は、葉が「ヤナギの葉に似る」から。苦味があり、刺身のツマに使用される。苦いのは本種のみ。それを万葉人は知っていたのである。「蓼食う虫も好き好き」とは、苦いホンタデ、マタデを食べる物好きな虫のたとえである。谷崎潤一郎も本種に興味を持ち、『蓼食う虫』という題名の小説を書いてしまったほど。イヌタデは苦味がないので刺身のツマには使えない。つまり役に立たないシダ。しかし「赤マンマ」と言われ、子どものままごと遊びには欠かせないタデ。「お前は赤ままの花を歌うな」と呼びかけられて、「アカノマンマ」の花やトンボの羽根、風のささやきなどの限りない美しさ、寂しさを教えてくれたのが「中野重吉」である。サクラタデはサクラの花のように美しいタデ。ただし、このタデを取り上げた小説家はいない。本当にきれいな花なのになぜ?

人間は役に立たないか、役に立つか、美しいか、美しくないかなどの評価をする。役に立たないシダと名付けられたイヌタデの気持ちはどうだろうか？　草木の名前ならまだいいが、人だったらどうだろうか？　きっと悲しい思いをすることだろう。なお、ヤナギタデは水辺の湿地に生える一年草。漢名は「蓼」。茎の根元は、地面を這って真っすぐに立ち上がり、茎は細い。托葉の縁には長い毛があり、葉には毛がないのが特徴である。人権研修会に持参したのは、金子みすゞの「みんなちがって、みんないい」を強調するためである。

現在では、植物についてかなり詳しい人でなければ知らないであろう、これら三つのタデの違いを、万葉人が把握していたというのは、やはり驚きである。

## (3) スミレ（スミレ科）

春の野に菫つみにと来《こ》し吾ぞ　野をなつかしみ一夜宿《ね》にける　山部赤人

【春の野にスミレを摘みに来た私は、野(恋人か)があまりにも懐かしいので、とうとう一夜を寝て(添い寝)しまった】

この歌も、熱烈に自然を愛し、美にあこがれる気分を表現している。スミレは早春の野辺にひときわ目立つ濃紫色の可憐な花を咲かせる多年草。日本には約一〇〇種類のスミレがあるとも言われ、まさにスミレ天国である。現在は見られなくなった「大工道具の墨入れ（墨つぼ）の形に似ている」ところからの命名。無茎類のスミレの葉が根本から生じ、葉柄に翼があり、ヘラ型をしている。『万葉集』にはスミレを読んだ歌は四首と少ない。スミレ・二首、ツボスミレ・二首である。

万葉植物を織り交ぜて詠った歌詞を熟読していると、作者の植物に対する観察眼、即ち上代日本国民の科学に対する心が漂っていることがよく分かる。

万葉歌人が、当時の植物観察を主体として、自然界をいかに詳しく観察し、洞察していたかを例をあげて考証してみると、今から一三〇〇～一四〇〇年前に、すでに現在の植物学者が唱えている植物学上の諸問題（植物生理学、生態学分類学等）を、極めて適切かつ妥当な認識をもとに、自由に歌詞に織り交ぜていることに驚かされる。と同時に我々の祖先が、立派な科学的素養を持っていたことに誇りを持つことができる。

**〈植物メモ〉**

**◎スミレ（スミレ科）**

東アジアの温帯および暖帯に分布し、日本では北海道から九州の山野や道端の日当たりのよい所に生える無茎性の多年草。高さ七～一一㎝。根の色は茶色。葉は花後生長し、長さ三～八㎝。花は春、濃茶色まれに白色。花弁は長さ一・五㎝ほどで側弁の内側に毛がある（類似種の「ノジスミレ」にはない）。和名は「スミイレ」を略したもので、「花の形が昔の大工さんが使う墨つぼに似る」から。

◎ニョイスミレ・ツボスミレ（スミレ科）
東アジアの暖帯から温帯に広く分布、日本各地の山野の湿った草地に生える多年草。根元から多数斜上し、高さ一〇〜二〇㎝。株が大きくなると節から根を出して増える。花は春から初夏。和名は漢名「如意草」に由来、「僧侶が持つ仏具の一つである〝如意〟に葉の形が似る」から（命名者は牧野富太郎先生）。別名「ツボスミレ」は「庭（ツボ）に生えるスミレ」だから。

## （4）ヤマブキ（キク科）

七重八重花は咲けども山吹の　実の一つだになきぞかなしき

兼明親王（九一四〜九八七）（『後拾遺和歌集』）

【七重八重に花は咲いているけれど、山吹が実が一つさえもないように、蓑一つさえもないのは悲しいことです】

筆者の植物講座で、〝この歌は誰の歌か〟と聞くと、ほとんどの受講者が、〝江戸城を築いた〟「太田道灌」と答えるが、実は醍醐天皇・第十八皇子の兼明親王の歌。博学多才で、後に源姓を賜り、左大臣にまでなった人である。この歌が出来た経過は次のとおりである。

洛外・嵯峨小倉にあった兼明親王の別荘に、ある雨の日、蓑を借りに来た人がいたが、兼明親王はその人に山吹の枝を折って与えた。その人が翌日、〝山吹の枝の意味が分からない〟と言って来たので、返事をしたのが、この歌である。

兼明親王は一重咲きの山吹は実がなるが、八重咲きの山吹は実がならないことを知っていたのである。現代人のかなりの人は、一重咲きの山吹も実がならないと思っているようだ。

一方、時代が下った十五世紀・戦国時代の武将・太田道灌の話は次のとおりである。道灌が江戸近郊に狩りに行った時、にわか雨にあった。そこで農家で蓑を借りようとしたところ、少女が庭に咲いていた山吹の枝を差し出した。何も分からない道灌は怒ってそのまま江戸城まで戻ってしまった。そして、その話を人に話したら、兼明親王の歌であることを知り、自分の無知も知り、それ以降は、歌の学びも始めた。道灌が文武両道に通ずるに至らしめた動機として、有名な話である。山里の農家の娘は、兼明親王の歌のことを知っていたのである。この逸話からも、現代の私たちが自然や歌道から切り離されてしまっているのではないかと危惧されるのだが、どうであろう。

ヤマブキといえば、どうしても、この兼明親王の「七重八重……」の和歌が出てしまうが、残念ながら、『万葉集』の和歌ではない。『万葉集』には次のような歌がある。

山吹の立ちよそひたる山清水　汲みに行かめど道の知らなく　高市皇子

【山吹の花の美しく咲き盛る山清水を汲みに行こうにもその道が分からない】

十市皇女が亡くなった時、高市皇子が詠った三首のうちの一つ。十市皇女は天武天皇の長女で、母は額田王である。後に天智天皇の大友皇子の妃となる。壬申の乱は、彼女の夫・大友皇子と父・天武天皇の争いだったのである。彼女は夫とともに近江にいたが、心は父方に傾いていたといわれている。後世の史書には、〝近江方の動静を父に伝えていた〟とある。乱が終わり、夫が死んだので、飛鳥浄御原宮《きよみはらのみや》（天武天皇が造営）に帰った。そして、天武天皇七年（六七八）年四月、斎宮に行幸の朝、にわかに宮中で死去した。誰かに殺されたのだろうとも言われている。死を悼む高市皇子は天武天皇の皇子で、皇女の異母兄妹という関係だった。二人には心の通い合うものがあったのだろう。嘆きの深さが感じ取れる。

「山吹の立ちよそひたる山清水」とは、その清らかな空間に黄色の山吹が咲くといえば、この世のものではなく、死去した十市皇女が、これから行くはるかな世界を思い浮かべられないのではないかと心配しているのだろう。

なお、歌で有名な八重山吹のみならず、一般に八重咲きの花は実がならない。ただし、八重咲きのサクラといえば、小倉百人一首の次の歌がすぐに出てくる。

いにしへの奈良の都の八重ざくら　けふ九重ににほひぬるかな　伊勢大輔（百人一首）

**【昔の奈良の都で咲いていた八重桜は、今日はこの宮中で色美しく咲いていることだな】**

この歌で詠まれた八重桜（ナラノヤエザクラ）には、ちゃんと実がなることが知られている。逆に玉葛《たまかずら》（ツルアジサイ?）は、立派な一重の花が咲くが、その実は成り難い。次の二つの歌は、そのことを表現している。

（ア）　玉葛実ならぬ樹にはちはやぶる　神ぞ著《つ》くとふ成らぬ樹ごとに

大伴安麻呂（家持の祖父）

（イ）　玉葛花のみ咲きて成らざるは　誰《た》が恋ならぬ吾《あ》は恋ひ念ふを

巨勢郎女

「玉蔓」はつる性植物の総称となっているが（ツルアジサイという説もある）、この歌に詠まれたのが、何にあたるかは不明である。それに、花は咲くが実はならないというものが思い浮かばない。万葉人は何かに気付いたのだろう。

（ウ）　見まく欲《ほ》り恋ひつつ持ちし秋萩は　花のみ咲きて成らずかもあらむ

この歌は、秋に咲く萩《ハギ》は、早咲きのものには貧弱な実がなるが、次第に秋遅く白露を見る頃に咲くものになると、花のみ咲いて、その実が結実に至らぬようになるということを表現している。これは事実である。

（エ）　花咲きて実はならぬども長き日に　念《おも》ほゆるかも山振《やまぶき》の花

と表現されている歌がちゃんとある。

このようなことを、植物を詳しくやっている現代の人でも意外と知らない。ところが、万葉の人々は、これらの八重の山吹や一重の玉葛や遅咲きの萩といったものの生態に気づいていたことが分かる歌を残しているのだ。

**〈植物メモ〉**

**◎ヤマブキ（バラ科）**

日本各地および中国に分布し、山間の川沿いに生える（人の生活する近くに多い）が、庭にも植栽される落葉低木。幹は高さ二ｍほど、束生。葉は互生する。花は晩春から初夏に咲き、短い新側枝の先に径三～四㎝のものを一個ずつ開く。心皮は本来五個あるが、一～四個が成熟して核果となり、花托上で萼に包まれる。一つの花に種が数個なることを不思議に思った人はいないだろうか？　それは、雌しべが五本あるから。ヤマブキの花をじっくり観察してみよう。和名「山吹」の語源は「山振」という。枝が弱々しく風のまにまに吹かれて揺れやすいことを表している。

**◎タマカズラ・ゴトウヅル・ツルアジサイ・ツルデマリ（ユキノシタ科）**

北海道から九州および南千島、サハリン、朝鮮半島南部の温帯に分布、山地に生える落葉つる低木。気根を出して他の樹木や岩に這い上がり、長さ一五mに達する。葉は対生し長柄を持つ。花は初夏、散房状集散花序は萼片が花弁状の装飾花と多数の両性花からなる。両性花の花弁五枚は先端で癒着し、帽子状になり早く落ちる。和名は「蔓手毬」。

## (5) マツ (マツ科)

松の花花数にしもわが背子が　思へらなくにもとな咲きつつ　平群郎女《いらつめ》

マツについては、すでに有馬皇子のところで取り上げた(第三章)が、花のつくりについて補足しておきたいことがあるので、再度取り上げる。マツは、新芽の頂部に雌花をつけ、さらに新芽の下部に、初夏の頃、多数の雄花がつく。この雌花も雄花も極めて地味な円錐状の塊に過ぎないが、雌花には立派な種子が出来て、真の花として見ることができる。しかし、ともすると花として見そこないやすい。万葉人はどうだったのだろう。この歌は、目立たぬ松の花を、平群郎女が、越中守の大伴家持に贈ったもので、自分を眼中に置かない男を皮肉って巧みな比喩としたものである。いかに自然界を目敏《めざと》く観察して、自由に生かせる知恵にしていたかがよく分かる。

## （6）オケラ（キク科）

恋しけば袖も振らむを武蔵野の　うけらが花の色に出なゆめ
作者不詳

【恋しいならば、私のほうから袖を振りもしましょう。君はオケラの花のように顔色を表してはなりませぬよ】

清楚なオケラの花を、恥じらってみせる恋人の表情に例えた歌である。花の色の変色に気づいている優れた歌と言える。オケラの花は、緑色の魚骨状の総包と称する部分が非常に発達して、真の花は一向に花らしくなく、開いているのか、いないのか、分かりにくい形態で、総苞の中に包まれている。それを認識し、かつ目立たぬ花の例証としている点は、観察上から注意に値するものである。

オケラ

〈植物メモ〉

◎オケラ（キク科）

本州、四国、九州および朝鮮半島、中国に分布し、乾いた山地に生える多年草。高さ五〇〜八〇㎝。葉は硬く光沢がある。若苗は白軟毛をかぶり、折ると白汁がしみ出る。根には芳香がある。花は秋、雌雄異株。若苗は美味な山菜とされる。根茎を乾かしたものを漢方で「蒼朮《そうじゅつ》」、皮を剥いだものをは「白朮」と称し、利尿・健胃剤などにする。古名は「ウケラ」。

## (7) アジサイ（ユキノシタ科）

『万葉集』に、大伴家持が坂上大嬢に贈った歌として

言問はぬ木すらあじさい諸弟らが　練の村戸にあざむかえけり

大伴家持

というのがある。

意味は、「ものを言わない木でさえも、あじさいの花のように、花の色が変わりやすいものがあるが、私は諸弟らの口の上手な村人にだまされた。私はあなたの巧い口車に乗せられてしまいました」である。

「アジサイ」が変色しやすいことを言い表した歌である。この歌のように、あじさいは通常、咲き始めは青色であるが、日が経つに従って赤味を帯び、散り際には一層赤味が増す。またこれを

アジサイ

酸性土壌の土地に植えると、その花の色が青味を帯び、アルカリ性土壌の土地に植えると、赤味を帯びることもよく知られている。

植物の花の着色器官の部分には、フラボン体とか花青素《かせいそ》とか、カロテンなどの色素が含まれ、そのうち花青素は、一般に広く花に存在する無色あるいは黄色のフラボン体の還元によって形成されるものとされている。花青素は、酸にあうと紅色になり、アルカリにあうと黄緑色になり、その他種々の物質の介在によってさまざまの色調を呈するもので、花や果実の色彩の美しいのも、主としてこの花青紫の存在による。

しかし、花青素がなくてカロテンだけが存在しても、「ミカン」や「カキ」のような橙色を表したり、「トウガラシ」や「トマト」の果実のように、黄色や紅色を表したり、「タンポポ」や「フクジュソウ」のように黄金色になったりする。このように、一般にカロテン系の色素は単調な色彩を呈する場合が多い。

なお、アジサイの花弁のように見える部分は、花弁ではなく、大きな萼葉である。ツボミから開きたては、フラボン体を含み、黄白色を呈するが、次第に花青素ができて青色になり、さらに日数が経つと、細胞内が酸性を帯びてきて遂に淡紅色になってしぼむ。万葉の人々が、この現象を認識していたのには、やはり驚かされる。

アジサイのほかにも、花盛りの色調と、散り際の色調とが著しく異なっているものがある。黄色の美しい花を開く「マツヨイグサ」も、夕方の散り際には赤味を帯びている。

アジサイの歌をもう一つ取り上げる。

あぢさゐの八重咲くごとく八つ代にを　いませ我が背子見つつ偲はゆ　橘諸兄

【アジサイが八重にも群がって咲くように、末長くお元気で栄えてください。アジサイの花を見てあなたを想いましょう】

第一期歌人の橘諸兄が、天平勝宝七年（七五五）、自分より位の低い田比国人《たじひのくにひと》の家で宴会をしていた。国人は左大臣の諸兄を祝福して歌を作ったが、それに応えて詠ったのが、このアジサイの歌である。

当時、すでに八重咲きのものがあったことが分かっている。七色に変わるアジサイを見ながら七十三歳の老大臣・諸兄は何を考えていたのだろう。実はこの歌を詠ってから一年半後の天平勝宝九年一月、諸兄は亡くなった。諸兄の死去を好機として藤原仲麻呂の専横が始まり、当時の皇太子は廃されてしまった。七月、諸兄の子・橘奈良麻呂は謀反が発覚して獄中で自死。諸兄に歌を贈った田比国人も企てに関与したとして伊豆に流された。

仲麻呂は「恵美押勝」と改名し、政界の中央の座に就いた。目まぐるしい政変は、アジサイの花の色の変化など比較にならない。

アジサイは日本古来の花。観賞用に植えられる落葉低木で、「ガクアジサイ」を改良して日本で作りされたものも、西洋で改良されて逆輸入されたもの（「セイヨウアジサイ」）もある。

アジサイの「アジ」は「集まる」こと、「サイ」は「真の藍」が省略されたもので、「集まった藍色の花」という意味である。なお、アジサイを「紫陽花」と書くが、実はこれは間違い。紫陽花は別種。漢名は「八仙花」。

**〈植物メモ〉**

**◎ガクアジサイ（ユキノシタ科）**

「アジサイ」とあるが、現在のようなアジサイは、万葉時代にはまだなかった。あったのは「ガクアジサイ」か、「ヤマアジサイ」であったと思われる。関東地方南部、伊豆半島、伊豆諸島などの暖地の海岸に生え、また観賞用として、広く植栽されている落葉低木。高さ二～三mになり、枝は太い。葉は対生し、広卵形で厚く光沢があり、長さ七～二〇cm。花は夏に咲き、枝先に集まり、萼片四～五枚からなる装飾花を周囲につける。両性花は萼片と花弁が五枚、雄しべは一〇本、宿存性花柱が三～四本ある。和名は「装飾花を額に例えた名」である。

## （8）ウメ（バラ科）

万葉時代前期頃に中国から渡来した落葉高木。元来、薬用植物として使われたため寺に多くあるが、山野にも野生化したものが各地にある。多くの品種があり、早春に咲く花は、春の息吹を感じさせてくれる。果実は六月頃に熟し、梅干し、梅酒などが作られる。材は硬く緻密であるところから、拍子木、篆《てん》刻用の印材、櫛などに使われている。材のおもしろさから欄間、床柱などにも用いられている。中国から渡来したばかりの万葉時代は香りの良い花として珍重され、人気が高かった。『万葉集』では、ハギについで二番目に多く詠まれている。

『万葉集』にはウメの歌が一一九首もあり、親しまれたことがよく分かる。ウメにはいろいろな色があるが、万葉時代で詠まれているウメは白色のみだったと思われている。また「紅梅」というと、一般に紅色の花をつけるウメだと思っている人が多いが、園芸上では木質部の赤いものを紅梅という。したがって、白い花をつけるものでも枝の切断面が赤ければ紅梅という。

ウメの品種は、園芸上では大きく四つに分類されている。
①野梅《のばい》性
原種に近い品種で、枝の心材は白色、花の色は白や紅があり、花の形も一重や八重咲きがあって、香りが良い。
②紅梅性
このグループは心材が赤く、紅色の花のものが多いが、白花もある。
③豊後《ぶんご》性
アンズとの雑種性が強く、枝が太く、普通若い枝と葉柄が赤みを帯びる。花の香りがなく、萼が赤い。
④杏《あんず》性
枝が細く灰色をしていて、香りもあまりなく、最も遅く咲く。

春の野に霧立ち渡り降る雪と　人の見るまで梅の花散る　田氏真上《でんしのまひと》

【春の野に一面に霧が立ち込め、その中に降る雪かと思うほど白い梅が散っている】

我妹子《わぎもこ》が植えし梅の木見るごとに　心むせつつ涙し流る　大伴旅人

【大伴旅人は大宰府赴任に同行した妻を失い、失意で都に帰ってきた。生前妻が植えた梅の木が成長している。それを見ると、亡くなった妻の在りし日の手植えの姿が蘇り、心がむせて涙が流れた】

誰が園の梅の花そもひさかたの　清き月夜にここだ散り来る　詠み人知らず

【誰の園の梅の花なのであろうか。清らかな月の光の降る夜に、こんなに散ってしまった】

## (9) ヤマザクラ (バラ科)

「サクラ」は山野に自生する落葉高木。現代では神社や寺院、公園などに植栽され、ふつうに見ることができるが、江戸時代末期に「ソメイヨシノ」が植木商によって作られるまで、サクラといえばこの「ヤマザクラ」を指していた。赤茶色に染まった新葉と同時に淡い紅色の花を開くのが特徴。成葉は緑色で裏面は白味が強い。サクラを題材とする歌は四四首あるが、ほかにも「花」という表現でサクラを詠んだと思われるものが数首ある。日本に自生しているのにウメより少ないのは意外だが、それは当時、ウメが中国より渡来した流行の花だったからだろう。これが『古今和歌集』では逆転している。

春雨のしくしく降る高円《たかまど》の　山の桜はいかにあるらむ

【春雨がしきりに降っている今頃、高円の山の桜はどうなっていることだろう?】

川辺東人《かわべのあずまびと》

ヤマザクラ

## コラム❺ サクラの在来種は一〇種

万葉の時代には、江戸の終わりにできた「ソメイヨシノ」は無かった。あったのは、次に説明する在来の一〇種のいずれかだったと思われる。それ故、『万葉集』に出てくるサクラは、以下の在来種のどれかである。

①ヤマザクラ

高さ二〇mほどの高木。葉の裏に白味（表裏ともに無毛）。萼も雄しべも無毛（吉野山のサクラ、暖地帯）

②カスミザクラ

高さ一五m以上の高木。別名は「ケヤマザクラ」で、葉柄や花柄は有毛。花の色も薄く、花期も短く、ヤマザクラより見劣りする。

③オオヤマザクラ

「ベニヤマザクラ」「エゾヤマザクラ」などの別名がある。高さ一五m以上の高木。葉が広く、葉の底が心形。花も大きく、色は少し濃い。萼も雄しべも無毛。

④チョウジザクラ

高さは五mほどの中高木。葉や萼は有毛（雄しべにも）。名前の由来は「横から見ると花の形が丁子に見える」から。

・オクチョウジザクラ（変種） 毛が少なく、雌しべは無毛。多雪地帯適応型（低木）。

⑤エドヒガン

高さ三〇ｍの高木。花は白色から紅色まで変異がある。葉柄は有毛。葉身は細長く、裏は有毛。（鋸歯は低い）神代桜など古木が多い。

・コヒガンザクラ「エドヒガン」と「マメザクラ」との種間雑種。萼筒はつぼ形だが、エドヒガンよりもくびれ部分が長い（萼筒の色も赤い）。

・ソメイヨシノ「エドヒガン」と「オオシマザクラ」との種間雑種。くびれが小さく、萼筒に毛が多い。花柄が長く伸び花弁は丸く大きい。

・シダレザクラ　別名は「イトザクラ」。「エドヒガン」の栽培品種。エドヒガンの枝は上に伸びるが、この種の枝は下に垂れ下がる。花の様子はほとんど同じ。

⑥ミヤマザクラ

高さ一五ｍの高木。葉柄は有毛。葉は先が広い卵形で裏表共に有毛。葉縁は腺で終わる粗い重鋸歯。花期は遅い。長野市大岡地区に多い。

⑦オオシマザクラ

高さ二〇㎝以上の高木。葉柄は無毛。葉身は一〇㎝以上。葉縁の鋸歯の先は長く伸びる。桜餅を包む葉は、この種の葉を塩漬けにしたもの。

⑧カンヒザクラ

別名は「ヒカンザクラ」。暖かい沖縄地方に生育する一〇ｍほどの中高木。花が赤く、開花期が早いことから人気がある。葉柄は無毛。葉身は長楕円形で裏面は淡緑色（低い重鋸歯）。

⑨タカネザクラ

高さ一〇mほどの中高木。葉柄は毛が少ない。葉身は先が広くなる倒卵形。葉の縁は粗い二重鋸歯。亜高山~高山の林内に生える。

⑩マメザクラ

高さ四mほどの中高木。葉に毛が密生。葉身は日本のサクラの中で最も小さい。葉の縁は欠刻状の鋭い重鋸歯。「フジザクラ」の別名がある。

## コラム❻　サクラ品種（野生種一〇種以外のもの）

①コヒガン（小彼岸）
「エドヒガン」と「マメザクラ」との中間雑種と考えられる栽培品種。彼岸の頃に咲くので元来は「彼岸桜」と呼ばれている。花期が早く樹高は六ｍほどと低いことから、庭園にもよく植えられる。

②ソメイヨシノ（染井吉野）
「エドヒガン」と「オオシマザクラ」との種間雑種と考えられる栽培品種。江戸時代に江戸・染井村から「吉野桜」の名前で広がったが、現在は「ソメイヨシノ」と呼ばれている。

③シダレザクラ（枝垂桜）
「エドヒガン」の栽培品種。「イトザクラ」とも呼ばれている。普通のエドヒガンは上に伸びるがシダレザクラは下に垂れ下がる。

④ギュイコウ（御衣黄）
オオシマザクラ系の「サトザクラ」の栽培品種。江戸時代中期から名の記録がある。花弁が⑤のウコンと同じように淡い黄緑色である。

⑤ウコン（鬱金）
「サトザクラ」の栽培品種。花弁の淡い黄緑色がショウガ科の「ウコン」の根に似るから名がつけられる。散る間際の花弁の中心部は紅色に変わる。

⑥ソノサトザクラ（仮称）

「サトザクラ」の栽培品種。オオシマザクラ系のサトザクラである。突然変異でごく一部の遺伝子が変化して枝変わりが起きたと考えられている。

⑦ヤエザクラ（八重桜）

「サトザクラ」の栽培品種。雄しべが花弁が変化し、生殖能力は失われている。正常な一本の雌しべが雄しべより長く突き出る場合がある。

⑧ウワミズザクラ（上溝桜）

北海道から九州に分布する種で、温帯の落葉樹林で普通に見られる。サクラ類やカバノキ類とともに「樺桜」とも呼ばれる。本年枝の先に長さ六～八㎝の総状花序を出し、白色五弁の花を多数、密に開く。花序の枝には三～五枚の葉がつく。穂状につく果実は塩漬けで食用される。

## （10）フジ（マメ科）

一般に「フジ」と言えば「ノダフジ」（野田藤）を指す。ノダフジは本州以南に広く分布するつる性の落葉低木で、つるは右巻き。葉は卵形の小葉からなる羽状複葉。花は小さな紫色の蝶形で、総状に垂れ下がって咲く。果実は豆果で、秋に褐色に熟す。つるは縄の代用や工芸材料として使われる。

フジは、『万葉集』には二六首（10位）と多く詠われている。

藤波の花は盛りになりにけり　奈良の京を思ほすや君　大伴四綱

【フジの花が盛りになりました。この美しい花をご覧になると、奈良の都のことを懐かしくお思いになるでしょうね】

この歌は、防人司の次官として大宰府へ赴任した四綱《よつな》がフジの花を見て、これまで住んでいた奈良の都を思い出しながら、大伴旅人らに向けて詠んだもの。奈良には今も多くのフジの木が見られ、毎年春に花が咲き誇る。

〈植物メモ〉

◎フジ（マメ科）

本州、四国、九州の山野に生え、また観賞用として庭園に植栽される落葉つる植物。茎は著しく長く伸びて他物に右巻きに絡む。若葉には毛があるが、後にほとんど無毛になる。花は春から初夏、長さ三〇～九〇㎝の花序を垂れ下げる。豆果は硬く、細毛を密生。園芸品種が多い。別名「ノダフジ」は藤の名所である大阪・野田の地名から。フジは「吹き散る」の意味である。

◎ヤマフジ（マメ科）

長野県内の山にはフジが多い。ヤマフジは、近畿地方以西、四国、九州の山野に多く生え、観賞用として庭園にも植栽する落葉つる性植物。茎は他物に左巻きに巻きつく。フジとは逆巻きなので、同定に役立つ。葉は成葉でも毛は落ちず、特に裏側が多い。花は春、若枝の先に長さ一〇～二〇㎝の総状花序に、長さ二～三㎝の花をほとんど同時に開く。和名は「山地に多く生育する」から山藤。白花を「シラフジ」という。

(11) ウツギ（ユキノシタ科）

卯の花の咲き散る岡ゆほととぎす　鳴きてさ渡る君は聞きつや　作者不詳

【ウツギの花が咲いては散る丘から、ホトトギスが鳴いて通りました。あなたはそれを聞きましたか】

路傍や山野の日当たりのよい場所に生える落葉低木。高さ二〜四m。葉は対生し、長楕円形でふちに細かい鋸歯がある。葉の表裏に星状毛があり、ざらつく。枝の先に多数の白い円錐花序をつける。ウツギの名は、「幹が中空となっている」ことからきている。果実は蒴果。ウツギの別名は「卯の花」で、「卯月に花が咲く」ことから名がついた。『万葉集』には二四首あるが、「ホトトギス」とともに詠まれているものが多い。ホトトギスは初夏を告げる代表的な野鳥で、万葉の時代には、夏の景物として馴染み深かったことが推察される。花期は五〜七月。

**〈植物メモ〉**

**◎ウツギ（ユキノシタ科）**

日本各地および中国に分布、山野に生え、生垣や庭木として植栽する落葉低木。多く分枝し高さ一・五mほど。樹皮はよく剝げる。若枝、葉、花序に星状毛があり、ざらつく。葉は互生し、長さ三〜九㎝。花は晩春。和名「空木」は「幹が中空でウツロの木」の意味。別名「ウノハナ」は「空木花」の略、または「卯月に咲く」から。材は硬く木釘、楊枝にする。

## コラム⑦ 唱歌「夏は来ぬ」

ウツギとホトトギスとの関係は『万葉集』の歌にすでに詠まれていたのである。この唱歌にも万葉人の心が間違いなく引き継がれている。樹上でさえずる野鳥たちに万葉人も気づき、歌に詠んでいたのである。

「夏は来ぬ」　佐佐木信綱／作詞・小山作之助／作曲

一、卯の花の　匂う垣根に　時鳥（ほととぎす）　早も来鳴きて
　忍音（しのびね）もらす　夏は来ぬ
二、さみだれの　そそぐ山田に　早乙女が　裳裾（もすそ）ぬらして
　玉苗植うる　夏は来ぬ
三、橘（たちばな）の　薫るのきばの　窓近く　蛍飛びかい
　おこたり諌むる　夏は来ぬ
四、楝（おうち）ちる　川べの宿の　門遠く　水鶏（くいな）声して
　夕月すずしき　夏は来ぬ
五、五月やみ　蛍飛びかい　水鶏（くいな）なき　卯の花咲きて
　早苗植えわたす　夏は来ぬ

この歌に歌われている「卯の花」は、茎が中空なので、「空木《うつぎ》」と名付けられたと言われる「ウツギ」の異名である。この唱歌の元は『万葉集』の「卯の花の咲き散る岡ゆほととぎす……」の和歌だったのである。山野に釣鐘形の真っ白い花が咲き乱れる様は、雪や波、雲などにたとえられ、「水晶花」とか「夏雪草」といった美しい名も付けられている。また生垣や庭木などにも植えられるので、「垣見草」とも言われる。また、豆腐のしぼりかすの「おから」は卯の花の白さに似ていることから「うのはな」という洒落た名で呼ばれている。

作詞者の佐佐木信綱は、『万葉集』の研究者でもあるが、彼の歌で表現した日本の自然と風土が次第に失われ、思い出のみが残される危機に瀕《ひん》していないだろうか。

## (12) サカキ（ツバキ科）

ひさかたの　天の原より生《あ》れ来る神の命《みこと》　奥山の　さかきの枝に　白香付《しらかつ》け……

大伴坂上郎女《さかのうえのいらつめ》

【天上の天の原から生を受けついできた先祖の神よ。奥山に生えていたサカキの枝にしらかを付け……】

サカキは常緑の小高木で、高さ二～四m。葉は長楕円形で厚く、光沢がある。花は葉腋につき、白い五弁花。秋に球形で黒紫色の液果をつける。いつでも葉が緑であるため「栄樹《さかえき》」と名付けられ、それが「サカキ」になったとも、神聖な地に植える「境木《さかいき》」が由来とも言われている。神事には欠かせない木で、神社境内にも多く植栽されている。『万葉集』にサカキが登場するのは、この一首のみ。「神を祭る一首」として詠まれた歌で、すでにサカキが神に捧げる神聖な木であったことが分かる。木偏に神で「榊」と書くのもそれらの理由によるのだろう。ただし、万葉名は「賢木《さかき》」である。

〈植物メモ〉

◎サカキ（ツバキ科）

関東地方から琉球列島および済州島、台湾、中国、ヒマラヤの暖帯から亜熱帯に分布。したがって、長野県内にあるものは植栽されたもの。林床に生え、神社の庭などに植栽する常緑小高木。葉は二列の互生、長さ六～一二㎝で全縁、滑らか。花は初夏。和名「栄樹（サカエキ）」は常緑であるから。榊は、枝葉を神道の神事に使うことからつくられた国（日本）字である。材は建築、器具、小細工物に用いる。

## （13）ニワトコ（スイカズラ科）

君が行《ゆき》き　目《け》長くなりぬ山たづの　迎へを行かむ待つには待たじ

……桜花　咲きなむ時に　山たづの　迎へ参出《まゐで》君が来まさば

磐姫皇后《いわのひめのおおきさき》

【あなたの旅行きの月日が長くなってきました。ニワトコの葉が迎えあうように、私も早く迎えにいきますよ。いつまでも、このまま待っていることはできませんもの】

と磐姫皇后が仁徳天皇を思い、待ち焦がれて作られた切ない悲しい歌である。さらに、この歌の表現から、ニワトコの葉が対生して迎え合う様をよく観察していたことがよく分かる。

ニワトコ

万葉人は葉の着き方についてすでに理解している。今日の植物の形態学では、その葉の着生状態を「輪生」「対生」「互生」などと大別し、この順で進化してきたとよく言われる。しかし、キキョウの葉を見ると、その葉の多くは互生であるが、その先のほうは対生になったり、輪生になったりしているのを見かける。『万葉集』の歌の中には、この「ヤマタズ」（ニワトコ）のような歌が多くあり、多くは「迎える」とか「迎え合う」というような意味と結びつけたものである。では、ニワトコの形態の、どこに〝迎える〟とか、〝迎え合う〟に関連するものがあるのか。有力な見方としては、例外なく対生している〝迎え合った葉の出方〟をする典型的な対生葉であることとの関連づけである。葉の着生状態までもよく観察して、自由に歌詞に織りまぜた万葉人に頭が下がる。

**〈植物メモ〉**

**◎ニワトコ（スイカズラ科）**

本州、四国、九州および朝鮮半島南部と中国の暖帯から温帯に分布。山野にふつうに見られる落葉低木。葉は対生、羽状複葉は長さ一五～三〇㎝。花は春、新芽と同時に開く。若葉は食用または民間薬、髄は顕微鏡の試料作製や細工に用いる。和名は「庭ウツギ」の転訛で、古名「ミヤツコギ」がさらに「ミヤトコ」になったという説もある。

類似種の「ミヤマニワトコ」は葉の表面に細かい毛と小突起がある。また、花柄の長いものを「ナガエニワトコ」として区別する（日本海側の多雪地帯に多く分布）。

## (14) ヒガンバナ (科)

路《みち》の辺《べ》にいちしの花のいちしろく　人みな知りぬあが恋妻は

『柿本人麻呂歌集』

【イチシの花のように著しく、人々は知ってしまった。私の恋妻のことを】

この歌は、道の両側に目立って咲くイチシの花を序詞として、妻のことを恥じらって詠ったものである。『万葉集』に出てくるイチシについては、諸説が乱立するほどであった。

牧野富太郎先生が、「『万葉集』のいちしの花、すなわち曼珠沙華《マンジュシャゲ》」の説を発表したのは、戦後間もない昭和二十三年（一九四八）の「アララギ」（九月号）においてであった。同誌で、「『万葉集』のイチシは多分疑いもなくこのヒガンバナ、すなわちマンジュシャゲの古名であったろうと決めています。が、但し現在何十もあるヒガンバナの諸国方言中にイチシに彷彿たる名が見つからないのが残念である」と書き、〝イチシの出現を待っている〟と書かれていた。

その後、松田修先生の努力で、山口県熊毛地方などで「イチシバナ」と呼ぶ方言があることが分かり、イチシがヒガンバナというのが定説となったのである。ご努力に唯々感謝。

ところで、秋のお彼岸の頃、決まって咲くのがこのヒガンバナである。ヒガンバナについては、すでに拙著『七草秘話』で取り上げ、名前の由来（秋の彼岸の頃に咲く花だから）、別名（ハナバナ、シビトバナ、ジゴクバナ、ユウレイバナ、ソウシキバナ、シタマガリ、オヤシラズ、シビレバナ、テクサリ、ステゴバナ、マンジュシャゲ等）のこと、なぜお彼岸に咲きそろうか（積算地温が関係している）などについて述べた。ここでは、この種の遺伝の話を少し付け加えたいと思う。

ヒガンバナ

ヒガンバナは、花が咲いても実はならない。それは、他の多くの植物の細胞の中の核にある染色体は、二倍体と言って同じものが二つずつある（それによって減数分裂がスムーズに進行する）のだが、日本のヒガンバナは同じものが三つずつある「三倍体」であることによる。そのために減数分裂がうまく進行せず、受精しても種子ができないのである。したがって、株でしか増えることができない。つまり日本のヒガンバナは、すべてクローンということになる。日本中のほとんどのヒガンバナが一斉に咲きそろうのも、このことと関係があるのかもしれない（少し前に、「ヒガンバナ前線」があることを学んだが、それによると、春の「サクラ前線」とは逆で、北の北海道から咲き始めて南下していく）。また、日本に生育しているものは人が植えたものが株を通して広がったものであるとも言える。

日本には、類似種に「キツネノカミソリ」という種がある。こちらは実を結び、種子もちゃんとできる。この種の地下には有毒成分（リコリンその他のアルカロイドで、嘔吐や下痢、甚だしい場合は呼吸麻痺を引き起こす）を含むヒガンバナと似た球根状のものがある有毒植物である。

ただし、この鱗茎のデンプンは極めて良質なため優秀な糊《のり》ができる。粘着力が強いため、戦争中に大陸まで飛ばした気球造りにはこの糊が使われた。この糊で張ったものは（有毒なため？）虫に食われることがないと言われ、屏風やふすまの下張り、表具細工にも用いられた。書物箱にこの粉末を入れておくだけで、虫除けになった。

また、農家では、モグラや野ネズミから田畑を守るため、畦や周囲にヒガンバナを植えた（それらが、現在まで生きながらえているのである）。

さらに、飢饉の際には重要な救荒植物になり、除毒のための方法が今に伝えられている。

〈ヒガンバナの一年間の生活〉

秋のお彼岸の頃に花を咲かせるが、そのときは葉はない。葉は、花が散る十月頃から叢生《そうせい》し、長さ三〇～六〇㎝、幅七～八㎜の線形・深緑色で、質が厚くて光沢があり、そのままで冬を越すが、翌年四月には枯れて、鱗茎は休眠に入る。九月下旬（秋の彼岸の頃）、高さ三〇～五〇㎝の花茎を地中より伸ばし、頂部に五～七個の赤い花を輪状につけ横向きに開く。花茎には披針形で膜質の総苞が数個ついている。花には細い披針状でひどく反り返り、縁の縮れた六枚の花被がある。雄しべ六本は長く、雌しべも長くて一本あり、ともには花被より突き出ている。子房は下位で、ユリとは一目で区別できる。三倍体であるため、ふつう種子は実らない。中国には二倍体で結実する「シナヒガンバナ」があるというが、なぜか日本には渡来していない。

ヒガンバナには開花前線があり、多少、北のほうが早いと前述したが、開花には何が関係しているのだろう。
サクラやウメなどは、ふつう天候、気温などの影響を受け、開花が早くなったり、遅くなったりすることが知られている。一般には、秋になって地中温度が一二～一三度になることに反応すると考えられているが、それだけではなさそうである。積算温度が大切との説もあるが、現在のところ、葉が生長する冬期における低温要求、四～五月頃に行われる花芽分化、水分・栄養要素などが複雑に作用していると考えられている。
ヒガンバナの開花生理を研究した報告はあるが、今のところ、チューリップやユリなどの園芸種のように効率的な促成、抑制などの開花調節ができるまでには至っていない。

**〈文学に見られるヒガンバナ〉**

「ヒガンバナ」、別名「マンジュシャゲ」（曼珠沙華）は、花形が極めて印象的な上に、色彩が鮮麗で美しく、それに何となく異国情緒が感じられる。そのために、文学や絵画などの題材にされてきている。
まずは、昭和十四年（一九三九）頃に大流行した『長崎物語』（梅木三郎／作詞・佐々木俊一／作曲）がある。

赤い花なら　曼珠沙華
阿蘭陀《オランダ》屋敷に　雨が降る

濡れて泣いてる　じゃがたらお春
未練な出船の　ああ鐘が鳴る
ララ　鐘が鳴る

葉のない赤い花だけが多く群れて派手に咲くヒガンバナを思い浮かべながら、この歌を聞いていると、古い異人文化に彩られた長崎の街、出島のオランダ屋敷、青い目の赤毛の異人、教会、石畳の坂道、それに異郷の地（ジャガタラ＝インドネシアのジャカルタの古称）に渡り、望郷の思いに悩んだ日本女性が思い浮かんでこないだろうか？

ここで「お春さん」について補足説明。江戸幕府が鎖国政策をとった際、在留欧人を国内追放したが、その中に、日本婦人を娶って子をもうけた者もあったが、その子孫、縁者も退去させた。伝えるところによると、お春さんはオランダ人を父とする美しい乙女であったが、異人の血を引く者として追放されたかわいそうな一人である。彼女らが望郷の切情を日本にいる知己や親戚に送ったのが、この歌詞のもとになったいわゆるジャガタラ文だ。「ジャガタラお春」とヒガンバナとは直接的には何の関係もないのだが、どちらも異国的なものとして結びつけられたのではないかと考えられている。

## 〈植物メモ〉

◎ヒガンバナ（マンジュシャゲ）（ヒガンバナ科）

本州、四国、九州および中国の暖帯、温帯に分布。堤防、墓地、路傍に多く生える多年草。高さ三〇〜五〇㎝。葉はやや厚く光沢があり軟らか、花後に束生し、翌年の早春に枯れる。花は秋、有毒植物だが、鱗茎をさらしてデンプンをとり、食用にすることもある。和名は「秋の彼岸の頃に花が咲く」ことから。別名は赤花を表す梵語で「曼珠沙華」と書く。

（類似種）

◎ナツズイセン（ヒガンバナ科）

日本の中部地方以北の山地、樹木の陰に野生する多年草。早春の三月頃、長さ約三〇㎝、幅二㎝、軟らかい淡緑色の葉を出すが、初夏には枯れてしまう。八月初旬から九月頃に、高さ五〇〜七〇㎝の花茎を出し、その頂部に五〜六花を開く。花は淡紅紫色で花被は六枚、雄しべも六枚あるが、その長さは花被の長さとほぼ同じである。ヒガンバナと同じ三倍体（染色体数2n＝27）で、種子はできない。中国から観賞用として渡来したものが野生化したとされるが、その時期など詳しいことは不明。

◎キツネノカミソリ（ヒガンバナ科）

本州以南の山麓や原野に生える多年草で、葉は早春に出て夏頃には枯れて休眠する。葉は軟らかく、淡緑色（名の由来も葉の形状から）。

七〜八月頃、高さ三〇〜五〇㎝の花茎を出し、頂端に二〜六個の花をやや横向きに開く。花は黄赤色で、花被はヒガンバナほどは反り返っていない。雄しべ六本、雄しべも雌しべも、花被より長く突き出ない。二倍体（染色体2n＝22）なので、よく結実する。

以上三種ともに、ヒガンバナと同じように、「葉見ず花見ず」（花が咲いているときには葉がなく、葉のあるときには花がない）で、花茎はちょうど、切り花を直接地面に突き刺したような状態で伸びる。

曼珠沙華とは「天上の華」、つまり「神聖なる華」「神の華」という意味。属名の「リコリス」もギリシャ神話の海の神「リコリス」の名に因んだものと言われている。墓場に生えるので不吉な花のように見られるが、本来、仏様への供花、供養と考えたほうが、より自然である。

なお、ヒガンバナ科はユリ科と近く、花の形態がよく似ている。大きな違いは、ユリ科が子房上位なのに対し、ヒガンバナ科は子房下位であること。そのため、ユリ科の花は上からのぞくと子房が見えるが、ヒガンバナ科の花は上からのぞくと、雌しべは花柱だけ見えて子房は見えない。子房は上位→中位→下位と進化したと言われているので、ユリ科よりヒガンバナ科のほうが進化した科だと推定されている。

## （15）ネムノキ（マメ科）

葉でおもしろいものと言えば、「ネムノキ」のように葉を閉じる草木だろう。植物の中には、光の影響で、葉や花が開いたり閉じたりする「睡眠運動」と称される現象を起こすものがある。

昼は咲き夜は恋ふ宿《ね》る合歓《ねぶ》木の花　君のみ見めや戯奴《わけ》さへに見よ　紀女郎《きのいらつめ》

【昼間は咲き、夜は慕い合って寝るというネムノキの花を、主人の私だけが見ていてよいのでしょうか。あなたもご覧なさい】

歌の「戯奴」という言葉は、たわむれて相手に呼びかけ、「お前さん」という程度の意味だと言われている。だから、「戯奴《わけ》さへに見よ」は、「お前さんも見てください」という意味である。ネムノキの花を巧みに利用して恋の申し入れをしているのである。この作者・紀郎女の恋の相手は大伴家持であり、家持からは、早速、次のような返歌が届けられた。紀女郎は女性歌人4位（額田王と同数：一二首）の紀少鹿郎女の別名、大伴家持の先輩官人の安貴王《あきのおおきみ》の妻で家持より年齢がかなり上だったと思われる。したがって、実際の恋の歌ではなく、文芸的な相聞歌だったと考えていいだろう。

吾妹子が形見の合歓木は花のみに　咲きてけだしく実に成らじかも　大伴家持

【若妹子よ、あなたが形見のネムノキは、花だけ咲き、おそらく実にならないでしょうよ】

ネムノキ

厳しいことに〝実らないであろう〟とは、「もう二人の恋は成就しない」という冷たい返事なのである。あるいは、ネムノキの歌を寄越すだけではダメで、もっと積極性をもたなければと言っているのかもしれない。

この歌も万葉人の観察力の鋭さを如実に物語っている。マメ科植物の葉の睡眠運動は、小葉の葉柄の基部に少し膨らんだ葉枕という部分があって、この部分の細胞に光が当たり、光合成が起き、糖分がたくさんできると、葉枕の部分の細胞の浸透圧が高まり、緊張をきたして、必然的に小葉が外方に圧せられて開かれる。逆に、日光が当たらなくなると、糖分が減り、緊張がゆるみ、小葉が閉じるのである。

**〈植物メモ〉**

**◎ネムノキ（マメ科）**

本州、四国、九州および朝鮮半島、台湾、中国さらに南アジアに分布し、山野の日当たりのよい場所に生える落葉高木。高さ六〜九m。花は初夏、枝先に多数の頭状花序を付け、夕方開く。葉は羽状複葉で互生し、ほぼ対生する五〜九枚の羽片をつける。名の由来は、もちろん「葉の夜の睡眠運動」から。花は夕方開くというので、「昼は咲き」という紀女郎の歌には、やや違和感を感じる。

また、ネムノキの材は粘り強いことを活かして斧や鎌の柄に、腐りにくいことから屋根板などに使われる。樹皮は漢方で合歓皮《ごうかんひ》といい、打撲傷、腰痛、関節痛などに用いられる。別名は「ネブノキ」「コウカ（キ）」など（いずれも「ネムノキ」の転訛から）。

## (16) コノテガシワ (ヒノキ科)

植物の中には極めて稀に、「磁石植物」といって、野原で方角を失ったとき、磁石を見ないでも、その植物の葉の出方や並び方の方向を見ると、南北が分かるものがある。磁石植物の葉は、光に左右されて南北に葉が配列するのである。真上から来る強い光を避けて、東西から来る比較的弱い光を利用するように、葉が皆縦に斜立してつくもので、その証拠に、日陰になった土地にこの植物が生えると、いずれの葉も水平の位置を保って放射状につき、一向に磁石植物の姿勢をとらない。実は『万葉集』にも、磁石植物にあたるものがある。「コノテガシワ」がその代表である。実際に、コノテガシワを観察すると葉が南北を示すものが多いのは事実である。

コノテガシワ

奈良山の児手柏《このてがしは》の両面《ふたおも》に　左《か》にも右《かく》にもねぢけ人の徒《とも》

【奈良山のコノテガシワの葉が両面同じように左にも右にも向いて、おもねたり、そしったりして、心のよくない人々の群れであることよ】

この歌の児手柏については「オミナエシ」「コナラ」などの説もあるが、文字どおり「コノテガシワ」が妥当だと思われる。

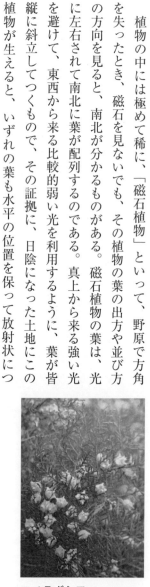

コノテガシワの葉の形態を節操なく定見もない八方美人のたとえに歌われたのだろう。

**〈植物メモ〉**

**◎コノテガシワ（ヒノキ科）**

中国北部および西部の原産。庭木として植栽される常緑低木ないし小高木。高さ一〇～一四mになる。葉はヒノキに似ているが、表裏の区別がなく、平面で横にして立つ。若枝は緑色だが、翌年には褐色になり、三年目に剥げ落ちる。花は春。雌雄同株。種子は「柏小仁」、葉や若芽を「側柏葉」といい、薬用にする。和名「児ノ手ガシワ」は、枝や葉が「手のひら」を合わせて立っているように見える様子からついた。漢名は「柏」「側柏」。

## (17) アオギリ（アオギリ科）

言問《こと》《と》わぬ木にはありともうるわしき　君が手馴れの琴にしあるべし　大伴旅人

【ものを言わない木《アオギリ》であっても、すばらしいお方の寵愛を受ける琴になるに違いありません】

歌は大宰師《だざいのそつ》だった旅人が、藤原房前《ふささき》に琴を贈り、それに添えた書状の中にある二首のうちの一首である。この歌にある木は、「アオギリ」である。ただし、「キリ」という説もある。

## 〈植物メモ〉

**◎アオギリ（ゴマノハグサ科）**

沖縄・中国南部原産の落葉高木。高さ一〇～一五ｍ。樹皮が緑色で平滑なのが特徴。葉は互生し、三～五裂し、一五～三〇㎝となる。枝先に長さ三〇～五〇㎝の大きな円錐花序を出し、淡黄緑色の雄花と雌花が多数混じっている。

樹皮が青く、葉が「キリ」に似ていることからの命名である。花期は五～六月。枝先の大きな花序に黄白色の小花を多数つける（花弁はない）。袋状の果実（種子と果皮はお皿に盛った団子のよう）は若いうちに裂開する。種子は船形の葉のような果実の裂片ごと、風で運ばれる。別名は「アオノキ」。「一葉《いちよう》は落ちて天下の秋を知る」（『淮南子』）は本種。

**◎キリ（ゴマノハグサ科・ノウゼンカズラ科）**

日本各地に植栽されている落葉高木。北九州の山中などに野生状態も見られるが、原産地は分かっていない。高さ一〇ｍほど。若枝や葉には粘りのある軟毛が密生している。葉は長さ二〇～三〇㎝。花は晩春、材は軟らかで軽く、湿気を吸わずに摩滅が少ないのでタンス、琴など家具、器具に貴ばれる。和名は「切り」で、「木を切ればすぐに芽を出し、早く生長する」ことからという説と「木目が美しいため、キリ（木理）」と名付けられたとの説などがある。昔は女の子が生まれると家のまわりにキリの木を植え、お嫁に行くときにはそれでタンスなどを作って送り出したと言われている。

『万葉集』の「キリ」は、「アオギリ」に譲るとしても、キリも日本人に愛された樹木であり、岩手県を代表する郷土の花とされている。原産地は朝鮮のウルルン島とされるが、大分県の傾山には野生したものがある。北海道を除き、日本中の至る所に生育している。

江戸時代の諸大名のなかには、「五三の桐」あるいは「五七の桐」を家紋にした家があった。信州・上田藩の松平氏や肥後の細川氏は「五三の桐」であり、米沢の上杉氏、長岡の牧野氏は「五七の桐」である。

また、植物名に「~キリ」とついた樹木はほかにもいくつかある。

**◎イイギリ（イイギリ科）**

材がキリに似て、昔この葉で飯を包んだことからの命名。別名は「実のつき方がナンテンに似ている」ことから「ナンテンギリ」。本州以南~台湾、中国南部に分布。

**◎ハリギリ（ウコギ科）**

キリに似て、「若木の幹や枝にトゲがある」ことからの命名。葉は大きな円形で、掌状に五~九裂する。若葉は山菜として珍重される。七~八月、枝先に大きな花序を出し、黄緑色の小さな花を多数咲かせる。秋には果実が黒く熟す。別名は「センノキ」。

## (18) ノイバラ（バラ科）

ヨーロッパでは、バラは「花の女王」と称賛されている。日本でも、各地でバラ祭りが開催されるほど人気のある花である。私は、そうしたバラ園の華麗なバラより、野に咲く「ノイバラ」のほうが好きである。歌曲「野ばら」に似合うのも、もちろんノイバラである。

『万葉集』にも「ウマラ」という植物が登場するが、これは「ノイバラ」だと推定されている。この「ウマラ」が転訛し、「マラ」、そして「バラ」になったとされる。バラは日本語だったのである（英語では「ローズ」）。

## 道の辺《べ》のうまらの末に這《は》ほ豆の　からまる君を離《はか》れか行かむ　丈部鳥

【道のほとりのノイバラの枝先に這う豆のように、私にまつわる君を置いて、別れて行くことであろうか】

この歌は、今の千葉県君津郡出身の年若い防人の作った一首である。東歌、防人の歌である。恋人または若き妻との出兵前の悲しい別れの歌である。

この和歌の中で、這うことを「はほ」と言い、別れることを「はかれる」と詠っているのは当時の東国の訛りであろう。

ノイバラは五月中旬を過ぎると、河原や雑木林で白い花を開く。白い五枚の花びらと雄しべの黄色が互いに映え合い、近づくと甘い香りが漂う。花後まもなく青い実を結ぶ。そして、冬の訪れとともに実は赤く熟れる。葉の落ち尽くした枝に真っ赤な実の輝くのが美しいノイバラの冬の姿なのである。その赤く熟れたいくつかの実を「這ほ豆」と表現し、自分を見送る恋人・若い妻そして追われる自分と見立てたのが趣きがあり、おもしろい。万葉人の深い心情を教えていただいたような気がする。

## 〈植物メモ〉

◎ノイバラ（バラ科）

北海道から本州、四国、九州までの川岸の茂み、原野、林縁などに生え、朝鮮半島や中国にも分布する。落葉低木だが、茎は他物に寄りかかってよじ登る。葉は小葉が七または九枚の奇数複葉。倒卵状楕円形の小葉は、長さ約三㎝。

類似種に「テリハノイバラ」がある。海岸や荒れ地など、日のよく当たるところに生え、地を這うように広がるのが特徴。名は「葉に光沢がある」から。

### (19) ユリ・ヤマユリ（ユリ科）

路の辺の草深《くさふか》百合《ゆり》の後《ゆり》もといふ　妹がいのちを我知らめやも

『柿本人麻呂歌集』

【「後で」と言った君のいのちを私は知ろうか、いや知りませんよ（早く会いたい）】

牧野富太郎先生の植物記によると、『万葉集』に出てくるユリの花は「オニユリ」と「ササユリ」が主で、次に「ヒメユリ」「コオニユリ」という順序で、「ヤマユリ」はほとんど出てこないと記されている。ヤマユリは山の花の代表だが、関西地方には割と少なく、ササユリのほうがふつうなのである。上記の歌は、そのほとんど出てこないものの一首と推定できるものである。

**〈植物メモ〉**

◎ヤマユリ（ユリ科）

中部地方以北の低山帯に多く生え、また人家に栽培される多年草。鱗茎は径約一〇㎝。高さ一～一・五㎝、全体に無毛。葉は長さ一〇～一五㎝、革質で滑らか。花は夏に咲き、径一五～二〇㎝、一～六個付き、強い香気がある。鱗茎は食用。和名「山百合」は山地に多く生育するから。ただし、万葉時代に「ヤマユリ」の名称は使われていない。別名の「ヨシノユリ」「エイザンユリ」「ホウライジユリ」は、産地の吉野山、比叡山、風来寺山に因む。

## （20）ササユリ（ユリ科）

吾妹子《わぎもこ》が家の垣内《かきつ》に小百合花《さゆりばな》　ゆりといへるは否といふに似る　作者不詳

【彼女が「後で」と言ったのは、私の申し入れを断ったように受け取られるのだが、心配だなあ（会いたい）】

「ゆり」という言葉には、「後で言う」との意味がある。私の申し入れ（プロポーズ）を断られたと感じ、不安になっている男性の心を表しているのだろう。「ヒメユリ」も「ヤマユリ」も「ササユリ」も、ユリの歌はすべて恋愛の歌である。ユリの花の優しい美しさによるものだろう。ただし、大きいことから名付けられた「鬼百合」、花が咲くときにはすでに葉（歯）がないことから名付けられた「ウバユリ」というユリがあることも付け加えておく。

ここで、「小百合」を詠んだ歌をぜひ紹介したい。常陸の国出身の防人が詠んだものである。

筑波嶺《つくばね》のさ百合の花の夜床《ゆどこ》にも　かなしけ妹《いも》そ昼もかなしけ

大舎人部千文《おおとねりべのちふみ》

【筑波の山に咲き匂う、あの百合の花のように、寝床でもいとしい妻は、昼間もまたいとしいよ】

故郷に残してきた妻への慕情を綴っている。

梅雨時に咲くユリの仲間（ササユリ、ウバユリ）はそのほとんどが横向きである。花粉は雨に弱い。そのために、雨に当たらないように横向きに咲くのだろう。

ササユリ

## 〈植物メモ〉

**◎ウバユリ（ユリ科）**

山野の林下に多く見かける多年草。茎は太く、径二～三・五㎝あり、緑色で高さ約一ｍにもなる。茎の頂部に緑白色の筒状の花を横向きに数個つける。花が咲く時期に葉がないことを、「歯のない〝姥〟」にたとえて名がつけられた。上部の葉は小さく鱗片状になっている。果実は楕円形の蒴果。類似種に「オオウバユリ」がある。花数が多く、生育地は日本海側の多雪地帯。

**◎ササユリ・サユリ（ユリ科）**

中部地方以北、四国、九州の山地や丘陵の草原に生える多年草。全体に無毛。高さ五〇～一〇〇㎝、つやがある茎の中辺に葉を互生する。葉は長さ約一〇㎝。花は初夏、大輪で長さ約一〇㎝の花を咲かせ、一～六個が横向きに開く。地中の鱗茎は白く卵形で、径二～四㎝。花はふつうピンク色だが、白や紅紫色のものもある。日本固有種で、『万葉集』に登場するユリはすべて「ササユリ」であるという説もある。それほど、人々に愛された花だったのだろう。和名「笹百合」は「葉の感じが笹に似ている」から。別名「サユリ」は早く咲く、または五月に咲くユリの意味から。

## （21）ヒメユリ（ユリ科）

夏の野の繁みに咲ける姫百合の　知らえぬ恋は苦しきものを　　大伴坂上郎女

## 【夏の繁みに咲いているヒメユリのように、相手に知られない恋は苦しいものです】

恋愛の不安な気持ちは男性だけではない。女性の側からの不安な気持ちを表現したのだろう。自分を、繁みの中で目立たないように咲いている姫百合と例えたところが、何とも奥ゆかしい。「ヒメユリ」は「ササユリ」などとともに、誰からも好かれる花の一つだが、『万葉集』ではこの一つのみ。夏草が生い茂る中で、この小さな可憐な花は見つけにくかったのかもしれない。ヒメユリを自分に例え、密かに恋しいと思っていた人に気づいてもらえない切なさを詠じた歌であろう。気づいてほしいとの望みが感じられる歌そのものも実に可愛い。私がササユリが好きなのは、この歌のように人知れずに咲くところである。決して群生しない。所々に点々とひっそりと咲いている。それが魅力である。

### 〈植物メモ〉

**◎ヒメユリ（ユリ科）**

ヒメユリは山地に自生する多年草。観賞用にも多く栽培されてきた花である。茎は直立し、高さ三〇～五〇㎝と小さい。葉は広線形で、互生している。花は茎の先端に上向きにつき、朱赤色の六花弁をもつ。花が小さく可憐なことから「姫」の名がついたのだろう。

うっそうと茂る草の中にポツンと咲く鮮やかな花は、まさにひとり恋に悩む乙女の姿そのものである。焦がれる思いを伝えたいが、果たせない苦しい心情が滲み出ている。

## (22) ヒオウギ(アヤメ科)

居明《ゐあか》して君をば待たむぬばたまの　わが黒髪に霜は降るとも

【起きたまま夜を明かして君を待とう。たとえ、私の黒髪に夜の霜が降ろうとも】

万葉人の素晴らしい植物観察眼を示す例である。植物の花や葉や茎などは比較的観察できるが、種子の色までは見ない場合が多い。『万葉集』に「ヒオウギ」の花の美しさを詠った歌は一首もないが、「ヌバタマ」と呼ばれるヒオウギの実は、枕詞として、実に八〇首も詠われている。六弁の紫斑のある黄褐色の可憐な花が咲く。果実は俵状の朔果で、漆黒色の丸い種子を多数作る。万葉人はその漆黒色の種子を目ざとく認識して、「黒い」とか「暗い」などの枕詞として使われている。

〈植物メモ〉

◎ヒオウギ・ヌバタマ(アヤメ科)

本州から琉球列島および朝鮮半島、台湾、中国、インド北部の暖帯から亜熱帯に分布し、海岸や山の草地に生える多年草。高さ五〇~一〇〇㎝。花は夏から初秋、径五~六㎝で内面に濃い暗紅点が多数ある。観賞用として植栽され、園芸品として「ベニヒオウギ」「キヒオウギ」「ダルマヒオウギ」などがある。和名の「ヒオウギ」は葉形から。

## （23）クリ（ブナ科）

三栗《みつぐり》の那賀《なか》に向へる曝井《さらしゐ》の　絶えず通はむ彼所《そこ》に妻もが

【那賀のほうに向かって流れる曝井の泉の絶えることのないように、絶えず通いたい。そこに佳き人があればよい】

この歌は、種子並びに果実の形までよく観察した例である。クリの花は、梅雨の頃、葉腋から長いねずみの尾のような花房が出て、その上に小さな花が多数密集して咲き、基部のほうの二、三個の花は雌花で、その先につく多数の花は雄花である。ふつう雄花は六枚の萼片と一〇本の雄しべとからなっているが、雌花のほうは三個ずつが集まって一つの総苞、即ち栗の毬《いが》に包まれている。そのため、栗の実が熟すと、ふつうは毬栗の中に三個ずつの栗ができる。万葉人は、この栗の実が三つあるということに眼を光らせて、「三栗云々」ということを歌詞に織り込ませている。それがこの歌である。

歌の題に「那賀郡曝井の歌」とあって、現在の茨城県水戸市愛宕町滝坂の曝井で詠われた歌である。曝井は名所であった。泉の名は、村の婦人たちがこの泉に集まって布を洗い、布を曝していたので「曝井」と呼んだのが由来である。婦人たちの曝した布は、調（貢物）として都に送られたのであろう。「みつぐり」は「那賀（中）～」にかかる枕詞である。そのわけは、栗の実は三つあるが、中のものが一番大きいから。

なお、『万葉集』の中の山上憶良の歌に、「瓜食《は》めば　子ども思ほゆ　栗食めば　まして偲はゆ【瓜を食べると子どものことが自然に思われてくる。栗を食べるとなお一層偲ばれる】……」とある。栗は子どもにとって大好きな食物であるのは昔も今も変わらないのだろう。その最後の反歌に、「銀《しろがね》も金《くがね》も玉《たま》もなにせむに優《まさ》れる宝子に及《し》かめやも」が続く。男親として子どもについての愛情を詠った誰もが知っている有名な歌である。

**〈植物メモ〉**

◎クリ（ブナ科）

北海道西南部から九州および朝鮮半島中南部の温帯から暖帯の山地に生える落葉高木。花は初夏、虫媒花で強い匂いを放つ。新枝の下部葉腋に雄の尾状花序を上向きにつけ、雌花はその基部に付く。堅果は棘のある総苞に包まれ、秋に熟し食用となる。材は椎茸のほだ木などに使われる有用材である。長野県小布施町はクリの名産地である。

## (24) ネコヤナギ(ヤナギ科)

『万葉集』にヤナギの歌は三九首(全体で八位)と多く、庶民の生活に密着し、愛された植物である(「ヤナギ箸」「ヤナギ籠」「ヤナギ行李」はヤナギの枝で作った生活用具。「ヤナギ髪」は長く美しい髪、また「ヤナギ腰」「ヤナギの眉」は女性の優しい美しさの表現)。

なお『万葉集』では、現在の「ネコヤナギ」を「カワヤナギ」として詠った歌が四首ある。次の三首がそれである。

かはづ鳴く六田《むった》の川の川楊《やなぎ》の　ねもころ見れど飽かぬ川かも　作者不詳

【河鹿の鳴く、吉野の六田川の岸のネコヤナギのごとくに、ねんごろに見ても飽きることのない清流であることよ】

山のまに雪は降りつつしかすがに　この河楊《かはやぎ》はもえにけるかも　作者不詳

万葉人にとって、野山にはまだ雪が残る早春の頃、川端に銀色に輝かせてくれるネコヤナギの様は、待ちに待った春の訪れを告げてくれる風物詩だったのだろう。

わがせこが見らむ佐保道《ぢ》の青柳を　手おりてだにも見むよしもがも　作者不詳

ネコヤナギ

枝を折り取って、恋人の髪にかざしたい気持ちを歌ったのだろう。『万葉集』の歌を見ると、奈良時代は佐保川がヤナギの名所だったようである。現在は猿沢の池で、五重の塔の影を映した池をめぐり、ヤナギの枝のしだれる様は奈良を代表する景色となっている。そこには昔、宮中勤めの采女《うぬめ》が入水した時、衣を脱ぎかけたというヤナギが残っている（牧野富太郎著『遺稿　我が思い出』より）。

「楊」は立っているヤナギ、「柳」は枝垂れている柳のことで、現在の「シダレヤナギ」がそれであるが、しかし、詩では「楊柳」と言えば、「シダレヤナギ」を指している。柳絮《りゅうじょ》の語がよく詩に見えている。柳絮は実から吹き出た絮、すなわち綿のことである。満州で見たことがあるが、内地では決して見ることができない（シダレヤナギの実をつける雌木は日本にない）。

## (25) バイモ（ユリ科）

時々の花は咲けども何すれぞ　波波とふ花の咲き出来ずけむ　丈部真麻呂

【四季折々の花は咲くのに、どうしてだろう、波波（母）という花は咲き出さないのだろうか?】

『万葉集』の中では、「バイモ」もこの一首のみ。歌は、筑紫（北九州）の防人として赴任した作者が、同僚たちには国から便りがあるのに、なぜ自分の母親からは便りがないのか、その思慕の思いをバイモ（母）に例えて詠んだもの。バイモは中国原産。球茎を薬用、または観賞用に植栽される多年草。日本にも「〜バイモ」と名付けられた種がいくつかあるが、『万葉集』に詠われたのは中国から伝えられたこのバイモだと思われる。葉は長さ一〇cmほどで、茎の上部の葉は先がカギ形に曲がっている。茎葉とも夏に枯れる。花は春（四月下旬）、長さ二〜三cmの花を一個つける。和名は漢名の「貝母」の音読みから転訛したもの。球茎（鱗茎）が貝のような形をしている。別名の「アミガサユリ」は「編笠百合」で、花被の内面に紫色の網目の紋があるから。古名「ハハクサ」。和名、古名からも母との深いつながりがよく分かる。

**〈植物メモ〉**

**◎コシノコバイモ（ユリ科）**

長野県内に生育するバイモの類似種。谷間の日陰や林下、田畑周辺に生える多年草。高さ一〇〜一五㎝。葉は長さ三〜六㎝で花の下に三枚輪生、その下に二枚対生。花期は四〜五月、花は広鐘形で長さ約一・五㎝、花被片の縁と内面の中脈に突起のある点で「コバイモ」と異なる。名の「コシ」は越後の「越」で、新潟県内に生育するので、長野県内の北部にも分布する。ただし、南部の下伊那からの生育の報告もある。

## (26) ベニバナ(キク科)

紅《くれない》の深染《ふかそ》めの衣《きぬ》色深く　染《し》みにしかばか忘れかねつる　作者不詳

【紅の深染めの衣のように、色深く心に染みてしまったのだろうか、あなたのことが忘れられなくなった】

アカバナは『万葉集』には二三首詠まれている。紅染めは、万葉時代の女性のあこがれの色だった。「末摘花《すえつむはな》」と呼ばれることもある。時代が下ると武将たちの兜《かぶと》を染めるようになった。花を集めて乾燥し、板餅状に圧して固め、商品にする。古来、代表的な赤色染料植物だった。また口紅材料でもある。

民間薬では、花弁を乾燥した物を産前産に、また更年期障害(婦人病)などに煎じて服用する。江戸時代に上杉鷹山が、ベニバナの栽培を奨励したので、山形県は今でも、名産地として有名である。

## コラム8 忘れられないワスレナグサ秘話

ワスレナグサは外国から入ってきた種で、もちろん『万葉集』には出てこない。にもかかわらず、日本各地にワスレナグサの群生地がある。木曽町開田高原末川集落の水生植物園の群生地もその一つである。過日、講座の下見を含め、二度も訪れ、感動を味わうことができた。木曽馬の里でもある開田高原へは、木曽町の市街地より二〇㎞の山道を辿る。国道三六一号線を今は車で走るが、昔は一日がかり、陸の孤島だった。

あるとき、この村に他所から嫁が来た。遠い開田への嫁入りを前に、娘は忘れな草の種を集め、荷物の中に入れて来たという。そして、庭先にこの種をまいた。やがて嫁がこの村の一員として人々に馴染む頃、一株、二株と花は多くなっていった。人々もこの花を見て嫁と一緒に楽しむようになった。この花も一帯に群生するようになった。秘境に嫁を迎える人々の思いやりは、この忘れな草の物語に残るように大切にされてきた。

ワスレナグサ（ムラサキ科）はヨーロッパ、アジア原産の多年草。鉢植えなどにして観賞用に栽培。地下茎があり、茎は束生し高さ三〇㎝ほどでまばらに分枝。葉は茎とともに軟毛がある。花は春から夏。青紫色の花冠は星形に平開する。この仲間は世界に五〇種ほどある。ふつう「ワスレナグサ」と言えば、ヨーロッパ原産の英名（True forget me not）を指すが、花壇で栽培されているものはヨーロッパ〜アジア北部原産で、日本にも自生するエゾムラサキ（Wood forget me not）の血を引く改良種で、ピンクや白の花もある。ロマンチックな伝説を持つためか、日本人にも好まれ、涼しい長野県や北海道では野生化している。学名（*Myosotis scorpioides*）はギリシャ語の「mus」（ねずみ）と「otis」（耳）からきている。葉がねずみの耳に似ているから。別名「サソリ草」はサソリ花序だから。忘れな草（forget me not）の名の由来は「ドイツの騎士・ルドルフが、恋人・ベルタと川の畔を散策しながら、彼女の求めに応じ、ワスレナグサを摘んでいた。だが足を滑らして川に落ち、溺れる前に彼は花束を彼女に投げて、『我を忘れるな』と叫んだ」というドイツの伝説がもとになったと言われている。ほかにも「貧しいが気立ての良い羊飼いがいた。ある日、迷った羊を探して山奥に踏み入り、見たこともない小さな青い花を見つけた。大きな岩にもたれて摘んだ花をながめていると、突然岩が割れて山の女神が現れ、『お前は幸運に恵まれたのだよ。さあ、ついでおいで』と言った」というドイツ伝説も残っている。

それから、「忘れな草」には次のようなキリスト教にも関係した伝説がある。

エデンの園が木と花と鳥と獣と、その他すべての生き物で満ちると、神はすべてに名前をつけるようアダムに命じられた。アダムがその仕事を終えると、神は彼を従えて生き物を順番に訪ね、「お前の名前は？　気に入ったか」と聴かれた。木も花も深々とおじぎをして、良い名前を頂いたとお礼を述べた。が、中に青ざめて震えている小さな花があった。「何を恐れているのか」と尋ねられた花は「実は、難しい名前だったので、忘れてしまったのです」と小さな声で答えた。この花は花穂がくるくると巻いているので、スコルピオイデス（サソリの尾）という名をもらっていたのだ。すると神はにっこりして「今度は大丈夫、お前の名はワスレナグサにしよう」と言われた、というもの。

なお、ワスレナグサの花の青色と言えば、中世の絵画で、聖母マリアが着ている服は、ほとんどがいつも天空の色である青色である。また、青色は黄色とともに、授粉する虫たちを一番惹きつけやすい色である。

ワスレナグサの自生している群生地には他の水生植物なども数多く自生している。

「ワスレナグサ」といえば、私自身は、「わすれな草をあなたに」の歌が浮かんでくる。東京での教員を辞め、長野に帰って来るとき、強く止めてくれた音楽専科のS先生が、私の長野に帰る意思の固いことを察し、最後にこの歌を教えてくれた。そのときの光景が今でも頭に浮かんでくる。

また、ワスレナグサの生息地の開田高原は、ほかに、そば（万葉植物ではない）も忘れることができない。付け加えておく。高冷地に育つそばは、澄んだ空気を通す太陽の光を十分に受け、昼夜の温度にも変化があり、さらに秋の訪れも早いために、開花も一斉で、初霜までには角ばった実は重くはち切れそうになる。これらの条件がそばの風味を良くする。それに加えて水も冷たい。

## コラム⑨　光の開花妨害

『万葉集』の歌から

春日野に煙立つ見ゆ少女《をとめ》らし　春野のうはぎ摘みて煮らしも　作者不詳

【春日野に煙の立つのが見える。あれは少女たちが春野のヨメナを摘み、煮ているらしいよ】

『万葉集』に詠われた植物は、「生のまま」「焼く」「蒸す」「煮る」の四つの調理法で食べられた。揚げる調理法（てんぷら）はなかったようである。

「うはぎ」は現在の「ヨメナ」である。秋に咲く野菊の代表である。ヨメナは春の草摘みと秋の花期の二度注目される種である。秋に花を開くのは短日性植物だからである。植物も暑さと寒さはできるなら避けたい。だから、花期が春〜初夏と晩夏〜秋の二つの時期に集中している。前者は暑さを、後者は寒さを避けての開花だろう。

## 〈植物メモ〉

◎ベニバナ（キク科）

万葉の時代から栽培されていたが、在来種ではない。エジプト原産といわれ、古くは上記のように染料、今日では切り花や油脂原料（種子）として栽培される二年草である。高さ一mほど。花は夏。頭花は径二・五〜四㎝。鮮黄色から赤色に変わる。

小花を摘んで日陰干しにしたものが生薬の「紅花」で婦人薬、また臙脂《えんじ》をつくり赤色の原料とした。若葉はサラダ菜、種子から油をとる。和名は「赤い花」または「紅を取る花」の意味。

◎ヨメナ（キク科）

本州、四国、九州の山野、山の縁など、やや湿ったところに生える多年草。地下茎を引いて繁殖する。茎は芽立ちでは赤味が強く、高さ三〇〜一〇〇㎝、上部は鋭角に分枝する。葉は薄く上面には光沢がある。花は秋、径二・五〜三㎝の頭花。冠毛は長さ約〇・五㎜。和名「嫁菜」は「婿菜」（シラヤマギク）に対してつけられた。食用としても、香りがよくおいしいので、人々から好かれている。

以前、植物仲間の知人から「新しいホテルができてから、変な時期に野菜の花が咲いてしまい、困っている」と聞いたことがある。ホテルの明かりで、草木たちが照らされ、日の長さが変わってしまったからと考えられている。

植物には長日性・短日性などという光周性がある。花芽の形成に必要な一定以上、または以下の暗期の長さを「限界暗期」という。この反応を起こす植物の葉に適当な光周期を与えると花芽が分化する。この場合、葉で花成ホルモンが生成され、芽に運ばれると推定されている。

①長日性植物

春になり昼が長くなり始めると花芽ができる植物。

日長が長くなり、一日の暗期が一定時間（限界暗期）以下になると、花芽を形成する。春から初夏にかけて開花するものに多い。

（例）イボウキクサ、シロイヌナズナ、シロガラシ、ダイコン、キャベツ、アブラナ、コムギ、アヤメ、ヒメジョオン、ドクムギ、ヒヨス、オウレンソウ、ムシトリナデシコ、ルドベキア、ルリハコべなど。

②短日性植物

秋になって昼が短くなり始めると花芽（花のなる芽）が形成される植物。日長が短くなり、一日の暗期が一定期間（限界暗期）以上になると、花芽を形成する。夏から秋に開花するものが多い。

（例）アオウキグサ、アカザ、アサ、アサガオ、オナモミ、カランコユ、キク、コスモス、シソ、ダイズ、イネ、タバコ、ダリアなど。

③中性植物

昼の長さとは関係なく花芽が形成される植物。日長や暗期の長さと関係なく、花芽を形成する。四季咲きのものが多い。

（例）インゲンマメ、キュウリ、トマト、ナス、カタバミ、ハコべ、セイヨウタンポポ、ワタなど。

④その他

植物の光周性が長日性植物、短日性植物、中性植物の三つに分けられればいいが、さらに研究した結果、次のような特殊なタイプのものがあることが分かった。

・短長日性植物

一定期間の短日に続いて長日が与えられるとよく花をつける植物。

（例）マツムシソウの仲間、カモガヤ、フウリンソウ、シロツメグサなど。
・長短日性植物
日を短くする（短日）または日を長くする（長日）だけではなかなか花をつけないが、一定期間の長日に続いて短日が与えられると容易に花をつける植物。
（例）セイロンベンケイ
なお、花芽は次のようにして起こると考えられている。まず、葉に存在するフィトクロームという物質が日長刺激（連続した暗期の長さ）を受けて、そこの細胞のＤＮＡに働きかけて「花成ホルモン」と呼ばれる花芽形成物質を作る。この物質が篩管を通って芽の細胞に移動し、移動先の細胞のＤＮＡに働きかけて花芽物質を作る。この結果、花芽が形成され、やがて開花に至る。

## (27) アヤメ・カキツバタなど（アヤメ科）

『万葉集』に、アヤメは一一首、カキツバタは七首出てくる。それぞれ一首ずつ取り上げる。

ほととぎす待てど来なかず菖蒲草《ショウブ》　玉に貫《ぬ》く日をいまだ遠みか　大伴家持

【ほととぎすが来るのを待っているが、まだ来て鳴かない。アヤメを薬玉として糸に通す日がまだ遠いからであろうか】

『万葉集』で、アヤメとして出てくるのは、実は、アヤメ科のアヤメではなく、サトイモ科のショウブなのである（『枕草子』では、「ショウブ」は「ショウブ」になっている）。

この頃の薬狩りは鹿の袋角《ふくろづの》の採集が目的だった。やがて、袋角採集はなくなり、薬草採集に変わったと言われる。『万葉集』では、アヤメやタチバナを玉に括ったり、髪飾りにしたことが詠われて、遠く野外に出かけていた節句の行事が、狭い宮中の端午の節句を持つようになった様子を歌ったものである。

アヤメ

次はカキツバタ。

かきつはた佐紀《さき》沢に生うる菅の根の　絶ゆとや君が見えぬこの頃　作者不詳

【あなたとのつき合いが絶えるのであろうか。姿を見せないこの頃であるよ】

万葉女性の不安な恋心を詠ったものだろう。佐紀は平城京の北方の一帯である。万葉の頃はカキツバタの名所になっていた。「カキツバタ」の名は、花の濃い紫の汁を出し、物に書いたり染めたりするので、「書き付け花」という意味での命名である。

## コラム⑩　カキツバタ秘話

現在、愛知県の県花になっているが、平安時代に書かれた在原業平著の『伊勢物語』の中の主人公たちが、三河国八橋まで来たとき、咲き乱れるカキツバタの花に感じ入って、作った歌に由来している。歌は、

からころも　きつつなれにし　つましあれば　はるばる来ぬる　たびをしぞ思ふ

各句のはじめの文字をたどれば、そこに「カキツバタ」の五文字が詠み込まれているという手の込んだ歌である。

ここで、牧野富太郎先生が、広島県の山中で群生している野生のカキツバタを見たときの感動を詠った歌を紹介する。

この里に業平来れば此処も歌　見劣りのしぬる光琳屏風かな　牧野富太郎

【この見事に咲いたカキツバタの花を見れば、『伊勢物語』を書いた在原業平も三河の時のように歌を作るであろう】

見事に自生するカキツバタの花の前には、尾形光琳のカキツバタの屏風図も見劣りするだろうと

言うのである。

アヤメとカキツバタの見分けはそれほど難しくない。アヤメのほうがカキツバタより葉が細い。葉の色もアヤメが濃い緑に対し、カキツバタはやや黄色味を帯びている。また、花弁も基部の黄色の部分が広く、紫色の脈が横に走っているのに対して、カキツバタは黄色の部分が狭く、紫色の横の脈もない。それにアヤメにはいわゆる文目がある。その花の咲く茎を切ってみると、アヤメはほとんど中が空になっているが、カキツバタは肉厚で、隙間も少ない。花期もアヤメのほうがカキツバタより一〇日ほど早い。生育地は、アヤメが草原でカキツバタは湿地である。だから、アヤメとカキツバタの見分けは容易である。

「何れアヤメかカキツバタ」の意味は、見分けしにくいという意味ではなく、その美しさが甲乙つけ難いということだろう。

話を元に戻すが、間違いやすいと言えば、「アヤメとカキツバタ」の形態上の見分けより、むしろ「アヤメとショウブ」「ショウブとハナショウブ」などの意味そのものだろうか。

すでに少し述べたが、アヤメ科のアヤメもサトイモ科のショウブも漢字で「菖蒲」と書くことがあるからハナショウブもアヤメである。ショウブに「アヤメ（グサ）」、アヤメに「ハナアヤメ」というそれぞれ別名があるからややこしい。

「アヤメ」とは、「文目《あやめ》」の意味で、葉が葉の並列した模様の美しさを表現した言葉なのである。だから、はじめはサトイモ科の「ショウブ」のことを「アヤメ」と言った。

後に、ショウブに比べて花が美しいので、「ハナアヤメ」の名ができた。ショウブとアヤメとの葉形が似ていることからこのような混乱が生じてしまったのであろう。

## 〈植物メモ〉

◎アヤメ（アヤメ科）

日本各地および朝鮮半島、中国東北部、東シベリアに分布し、山野に生える多年草。高さ三〇～六〇㎝で群生する。葉は長さ三〇～五〇㎝。花は初夏、径七～八㎝。ときに白花やごく薄い紅紫色の植栽品がある。またアヤメが大群落をつくる所は「アヤメ平」と呼ばれている。和名は「文目」の意味で、葉の並列する様子から「美しいあやがある」と考えたから。

◎カキツバタ（アヤメ科）

日本各地および朝鮮半島、中国東北部、東シベリアに分布し、山野に生える多年草。ここまでは、アヤメと同じでビックリ。高さ五〇～七〇㎝になる。葉は軟らかく、隆起した中脈がなく、高さはときに花茎を越える。花は春から初夏に咲く。外花被片は長さ六～七㎝。園芸品として池辺に植栽され、中には、紫斑のあるものや白花のものがある。和名は「花汁を布にこすりつけて染める、昔の『書きつけ』という行事名」から転訛したもの。

### (28) ショウブ（サトイモ科）

昔の「ショウブ」は今日の「アヤメ」であることはすでに述べた。そして、今日のショウブは昔のアヤメであり、もちろん万葉植物だった。

白玉を包みてやらばあやめぐさ　花橘に合へも貫くがね　　大伴家持

【真珠を包んで送ってあげたら、あやめぐさや花橘と一緒に緒に通しておくれ】

越中国守として赴任中の家持が、奈良の留守宅にいる妻の坂上大嬢に真珠を贈りたくなって、そんな真珠を手に入れたいという思いで五首ほど詠ったその中の一首である。昔も愛する妻には贈り物をしなければならなかったのだろう。

**〈植物メモ〉**

**◎ショウブ（サトイモ科）**
ユーラシア大陸および北米の温帯に広く分布。池や溝のそばに群生する多年草。葉には中脈があり、長さ七〇cmほど、滑らかな香りがする花は初夏、肉穂花序を斜めに出し、長さ五cmほど、両性花で花被片および雄しべは六個、雌しべ一個。薬用または端午の節句に用いる。和名は漢名の菖蒲に基づく。古名は「アヤメ」または「アヤメ草」。漢名は「白菖」。

## コラム⑪　花の色と昆虫との関係

『万葉集』には、歌の中に「戯蝶《きてふ》は花を廻りて廻り舞《べ》ひ」とあり、遊ぶ蝶は花をめぐって舞うと、春の美しい風景を表現している。当然、虫媒花のことも知っていたのだろう。

花の色、大きさ、形などがいろいろなのは、訪れる昆虫（花が招きたい昆虫）が違うことを意味している。どんな昆虫が来ているかもじっくり観察したいものである。

①白い花・緑の花

・上向きに咲くか、集団をつくるもの：蜜や花粉が露出しているため、口が短くても蜜を吸える甲虫やハナアブ、ハエ

・下向きに咲くもの：花弁に足がかけられ、ぶら下がりながら蜜が吸えるハナバチ

・夜に咲くもの：夜でも目立つ白い色を発見しやすい、夜活動するガの仲間

②黄色の花

黄色の花の多くは上向きに咲き、蜜はやや深い所に隠れている。よく来るのは黄色の花が好きなハナアブ類、小型で口が短めなチョウの仲間などである。ミツバチやそれより小型のハナバチも来て、蜜や花粉を集めていく。紫外線の模様で、蜜の在りかを昆虫に教えているものもある。

③赤・ピンクの花

・細長い管の中に蜜があるもの：口が長いアゲハチョウ

・左右対称のもの：多くは紫外線も反射していて、赤い光を知覚できないハナバチもやってくる。

・頑丈な筒の中に大量の蜜があるもの：鋭いくちばしをもつ鳥

④青・紫の花

青や紫の花の多くのものは、昆虫が潜り込むか頭部を押し込んだり、花を押し開けたりしないと、蜜が吸えない複雑な構造になっている。その行動ができる特定の昆虫だけに花粉を運ばせる。キンポウゲ科のトリカブトの仲間の花を訪れるマルハナバチの姿が浮かんでくる。

まとめると、花は春に①白色の花→②黄色の花→③赤色の花→④紫色の花　の順に咲き、秋はその逆で、①紫色の花→②赤色の花→③黄色の花→④白色の花　の順に咲く。それは上記のように、花粉を運ぶ昆虫たちの生育時期と関わりがある。

## (29) コナラ・クヌギ（ブナ科）

下野《しもづけの》三かもの山の小楢《こなら》のす　まぐはし児《こ》ろは誰《た》が笥《け》か持たむ　作者未詳（東歌）

【下野（栃木県）の三かもの山（別名・太田和山）のコナラのようにきれいなあの娘は、誰に嫁ぐのだろうか】

「コナラ」として詠んだ万葉歌はこの一首のみだが、「コナラ」の古名「ははそ」として詠んでいる歌は三首、また「なら」として詠んだものが一首ある。紹介した歌は、若い娘の美しさをコナラの若葉のみずみずしさにたとえて詠んだもの。「誰の妻になるのだろう。できることなら、わたしの妻になってほしい」という意味が暗に含まれていると思われる。

コナラは、里山にふつうに見られる落葉高木で、雑木林の構成樹の主要な一つ。幼かった頃に薪拾いに行った記憶を辿ると、材に火力のあるこの種が一番多かった。最近は切る人がいないので、一五mにも伸びたものが目立つ。春先に尾状の花穂を垂らして花をつける。秋には若木の葉は紅褐色に、その他の葉は黄色になる。実は堅果（一年で熟す）。なお、コナラは風媒花。コナラを題材に恋の歌とは、現代人にはとても考えられない。万葉人だからこそ詠えたものと感心させられる。

紅《くれない》はうつろふものぞつるばみの　なれにし衣《きぬ》になほ及《し》かめやも　大伴家持

【紅花で染めた衣は一時的には美しいが、そのうち色あせるものだ。クヌギの実・どんぐりで染めた着なれた衣にはやはり及ばない】

歌は意味深である。家持が越中に赴任していたとき、単身赴任で働いていた部下の尾張少咋《おわりのおくい》が遊行女婦《あそびめ》に心を惹かれ、ついにともに住みついてしまったことを上司として戒めたもの。「つるばみ」は、もとは「どんぐり」の古名。「どんぐり」は「団栗」で、「丸い実」の意味を持ち、特にクヌギの実を指している。クヌギはほかにも六首詠まれているが、すべてこの歌と同じように「つるばみ染め」の衣を詠んでいる。

クヌギは落葉高木で、高さは二〇m前後になる。樹皮は粗く、深く網目状に割れる。堅果はその年には大きくならず翌年の秋に熟し、径一・五〜二cm。

「ツルバミ」はコナラの古名だが、「円真実《つぶらまみ》」が約されたものとされている。万葉の頃は、クヌギの実を煎じて染料にした。そのまま染めると薄い黄褐色、鉄を使うとさらに濃くなり、これを繰り返すとさらに黒くなる。黄褐色のものが「つるばみ」で、黒さを増すに従って、「鈍色《にび》」「ふし」「くり」「すみぞめ」となる。万葉の頃は、これらは庶民の衣服の色とされたが、『源氏物語』の頃は黒いものは喪服の色とされたようである。

## (30) オギ（イネ科）

葦辺《あし》なる荻《オギ》の葉さやぎ秋風の　吹き来るなへに雁《かり》鳴き渡る

作者不詳

【葦原のほとりのオギの葉をさやさやとそよがせて、秋風が吹いてくる。それにつられて、ガンが鳴いて渡っていきます】

「をぎ（オギ）」が『万葉集』に登場するのは、この歌を含めて三首と少ない。ススキが四四首、ヨシが四九首詠まれているのに対し、極めて少ない。二種に比べて、オギは自生地が限られ、利用もされなかったのだろう。オギは、風にそよぐ様や、そよそよという音をイメージして使われている。オギは水辺や水辺に生える多年草で、高さ二mほど。茎頂《けいちょう》に花穂《かすい》を出す。小穂《しょうすい》の基部には銀白色の長毛が密生する。ただし、ススキにある芒《のぎ》はない。「荻原」という姓もある。

## （31）ヨシ（イネ科）

若の浦《うら》に潮満ち来れば潟《かた》をなみ　葦辺をさして鶴《たつ》鳴き渡る　山部赤人

【若の浦（和歌山県和歌浦）には潮が満ちて来ると干潟がないので、アシの生える岸辺を目指して、ツルが鳴いて渡ってくることよ】

この歌は、「自然歌人」と呼ばれている山部赤人の代表的な歌の一つ。たくさんの鶴が鳴きながら羽ばたき、岸辺へ移動する様子が生き生きと詠まれている。「アシ」は水辺に生える草のため、鶴のほかに鴨とともに詠まれることが多い。『古事記』『日本書紀』に、日本のことが「葦原の瑞穂の国」

と書かれているのは有名である。長歌五首にも「葦原」が登場する。

ヨシは水湿地に生える多年草で、高さは一〜三m。穂状《すいじょう》の円錐花序を伸ばし、淡紫色の小花をつける。「アシ」が「悪し」に通じるため、対語の「善し（ヨシ）」が多く使われるようになったと言われている。

## （32）チカラシバ（イネ科）

立ちかはり古き都となりぬれば　道の芝草長く生ひにけり　田辺福麻呂《たなべのさきまろ》

【時が移り変わり、奈良の都も今では昔の都となってしまったので、道端の雑草《チカラシバ》も長く伸びてしまった】


天平十二年（七四〇）に起きた「藤原広嗣の乱」にショックを受けた聖武天皇は約五年間、奈良の都を不在にした。この歌はこの間に詠まれたもの。「奈良の故郷を悲しびて作る歌」と題して作られた歌の一つである。芝草は単に〝雑草〟と捉えられたり、ほかにはシバ類全般が含まれると考えられたりしてもいるが、ここでは「長く生いたる」という表現から「チカラシバ」が妥当と考えた。

チカラシバは草地に生える多年草。茎は叢生し、高さ五〇〜七〇㎝。名のとおり丈夫な草で、抜こうとしても簡単には抜けない。名もそのあたりから付けられたのだろう。茎の頂上にブラシのような形の花序を一個つける。小穂の長さは約七㎜で、披針形。

## （33）ヤブマメ（マメ科）

道の辺の茨《うまら》の末《うれ》に延《は》ほ豆の　からまる君をはかれか行かむ　作者不詳（防人の歌）

東人（上総国の防人）の歌である。「茨」は「野茨《ノイバラ》」で、トゲが多いので触れにくいのに加えて、豆（ヤブマメ）の蔓がからまって、取り除くのが難しい。それと同じように、自分にからまる恋人（主家の若様という説がある）を離すようにして別かれて行かなければならないことを表している。以前、菅平自然園内を観察しているとき、ノイバラにからみつくヤブマメを見て、この歌を思い出した。

ヤブマメは食用となり、ノイバラの花はよい香りがする。歌では香りについては歌っていないが、ノイバラとヤブマメの印象が、置き去りにする恋人への思い出にもなっている。豆のつるがイバラにからまる観察は、通りすがりにできる性質のものではなく、採取したり取り除いたりする日常生活の経験があって初めて生まれる表現である。

〈植物メモ〉

◎ヤブマメ（マメ科）
関東地方以西、四国、九州および朝鮮半島、中国の温帯から暖帯に分布。原野に生えるつる性一年草。茎、葉柄、花軸にまばらに開出毛がある。花は夏から秋に咲き、長さ一五～二〇㎜。豆果は長さ二～三㎝。別に一個の種子があり食べられる。和名は「藪に生える」から。類似種「ツルマメ」はダイズの原種と言われている。

## (34) ヒルムシロ(ヒルムシロ科)

安《あ》波《ほ》をろのをろ田に生はるたはみづら　引がばめるめる我《あ》を言《こと》な絶え　作者不詳

【安波の丘の山田に生えている「たわみづら」が、引けばゆるゆるほどけるように、我にたよりを絶やさないでくれ】

「たはみづら」は特定の難しい植物で、ヒルムシロ説のほかに、「ジュンサイ」などがある。池、沼、田、溝などの水面に、長楕円形のつやのある葉を敷き詰めたように繁殖する。名の由来は、「水面に浮かぶ葉を虫のヒルが住むムシロに見立てた」から。救荒植物として食用にしたり、解毒作用があるので、民間薬として使用されている。

・ヒルムシロ(ヒルムシロ科)池・溝・水田に生える。茎は水中に伸びる。沈水葉は薄くて細長く柄は短い。浮水葉は長楕円形で柄が長く、基部に薄い托葉がある。
・オヒルムシロ(ヒルムシロ科)沈水葉は基部が円形(心形)。葉身と葉柄との区別がない。
・フトヒルムシロ(ヒルムシロ科)沈水葉の基部は円形(心形)、葉柄の上部に波形のしわ。

## （35）サネカズラ（マツブサ科）

さね葛後にも逢わむと夢のみに　うけひ渡りて年は経につつ　柿本人麻呂

【さね葛のように、後にでもまた逢おうと夢だけに祈り続けて、年が経っていく】

ここで「サネカズラ」は、「後にも逢はむ」（ほかに「かならず逢はむ」）の枕詞になっている。サネカズラのつるが長く伸び、その先端がどこかで絡み合うところからきている。

関東地方から琉球列島、および台湾、中国の暖帯に分布。山地に生え、時に庭木として植栽される常緑のつる性木。葉は長さ五～一五㎝で光沢がある。花（葉腋に径一～一・五㎝の淡黄白色）は夏に咲き、雌雄異株。和名の「実葛」は、サネが「実」、カズラは「つる」で、「秋の果実が美しい、実の目立つつる」の意味。別名は「ビナンカズラ」（美男葛）で、「昔、武士が葛の皮の粘液を水に浸出して油代わりに整髪に用いた」ことから。果実は五味子の代用として強壮剤や咳止めの薬として使用。古名は「サナカズラ」で「滑り葛」の意味。

## （36）タチバナ（ミカン科）

北国信濃には生育しないので筆者にはなじみが薄いが、『万葉集』では六九首（全体の三位）と多く、大事な「右近の橘」でもあり、花の形が文化勲章にもなっているもので取り上げないわけにはいかない。好まれた理由は、「花に良い香りがある」、「花や実を〝珠を貫いて〟首飾りにしたこと」などがあると言われている。

月待ちて家には行《ゆ》かむわが挿せる　あから橘影に見えつつ　栗田女王《あわたのおおきみ》

【月の出を待って家に行くことにしよう。私が髪に挿して挿頭《かざし》にした赤色の橘の実の影を映しながら】

「タチバナ」については、「ニッポンタチバナ」「コミカン」などの説があるが、前者が有力と言われている。六九首のうち、「花橘」「橘の花」が半数以上の三八首ある。花に関心があったことがうかがえる。平安神宮の社殿前の「右近の橘」の説明には、「橘はミカンの仲間で唯一の野生種であり、その実は古くから『常世国《とこよのくに》』の不老長寿の妙薬として珍重された」と記されている。

歌人の栗田女王は「あから橘」を挿頭にし、夫のいる家に行こうとしているのであろう。「あから橘」とあるから、ニッポンタチバナより赤いコミカンかもしれない。

なお、タチバナを詠った歌の一九首にホトトギスを絡めたのがあるのが特徴であるとされている。

〈植物メモ〉

◎ニッポンタチバナ（ミカン科）

静岡・愛知・和歌山・山口の四県と四国、九州、さらに琉球列島から台湾までの海岸に近い山地に稀に生える常緑小低木。高さ二～六m。花は初夏に咲き、白色で五弁、芳香がある。果実は径二・五～三㎝、冬は熟し、酸味が強くあまり食べない。京都御所紫宸殿の右近の橘は、本種の栽培品種で、果実はもっと大きくなる。漢名は「朱橘」。

## (37) ドウダンツツジ・シラツツジ（ツツジ科）

細領布《たくひれ》の鷺坂山《さぎさかやま》の白躑躅《しらつつじ》　われににほはね妹に示さむ

『柿本人麻呂歌集』

【鷺坂山に咲く白躑躅よ。私の衣に染まってください。私の妻に見せたいので】

「細領布」は枕詞。「にほほね」は「染まりなさい」という意味。「ツツジ」を詠んだ歌には「石上《いわ》つつじ」「白《しら》つつじ」「丹《に》つつじ」などがある。このうち「白つつじ」は「ドウダンツツジ」か、太平洋沿岸の山地に咲く「ゴヨウツツジ」かが考えられるが、「にほほね」（染まること）という表現から、ドウダンツツジが妥当との見解が多い。「私の衣に染まってください」と言っているのだから、きっと、「クヌギ」などで染めた粗末な衣装を着ていたのだろう。

ドウダンツツジは、北国信濃には生育していないが、奈良・京都などの都で見たものが、我が郷土でも植栽されるようになったのだろう。

**〈植物メモ〉**

**◎ドウダンツツジ（ツツジ科）**

伊豆半島以西の本州と四国、九州の山地の蛇紋岩地などに稀に生え、生垣や庭木として植栽されるようになった落葉低木。多数分枝し、高さ四～六m。葉は長さ二～四㎝。花は春。新芽と同時に枝先に長さ一～二㎝の花柄を数個下垂して開く。蒴果になると毛はなく上向きに熟す。和名は「灯台ツツジ」の意味で、「分枝の形が結び灯台の脚に似ている」ことに由来する。秋の紅葉は文句なしに美しい。

## (38) さのかた・アケビ（アケビ科）

狭野方《さのかた》は実にならずとも花のみの　咲いて見えこそ恋の慰《なぐさ》に　作者不詳

【さのかたは実らずとも花だけは咲いた姿を見せてほしいです。恋に苦しむ心の慰めに】

「さのかた」については「地名ではない」との説もあるが、「アケビではないか」という説が有力である。アケビは秋になると紫色の果実をつける。その実が熟すと口をパックリと開け「開けた実」から「あけみ」「あけび」と転訛していったと考えられている。
アケビに関し、忘れられない思い出がある。少年時代の私にとり、近くの山は遊び場そのものだった。食物などほとんどない時代だったが、山の幸は豊富だった。その一番はアケビの実だった。村の山のどこにアケビがあるかは全部知っていた自信がある。ある時、友達とアケビ採りに行ったときのこと。目の前に、実ったアケビが飛び込んできた。しかも、一〇個近くもぶら下がった物を見つけた。われ先にと、その木に登って行った。次の日に全身が真っ赤になってしまった。私の登った木が「ウルシ」の木だったのだ。股を擦りながら登ったので全身「ウルシ」にかぶれてしまった。今では、忘れられない思い出になっている。

**〈植物メモ〉**

**◎アケビ（アケビ科）**

本州、四国、九州および朝鮮半島、中国の暖帯に分布。山野にふつうにある落葉つる低木。花は春、新葉とともに開く。葉は五小葉で、全縁。若葉や果実は食べられる。類似種に「ゴヨウアケビ」「ミツバアケビ」「ムべ」などがある。

## （39）ツバキ（ツバキ科）

巨勢山《こせやま》のつらつら椿つらつらに　見つつ偲《しの》はな巨勢の春野を　　坂門人足

【神聖なツバキの花の輝くように顔色もお美しく、葉が広がっているようにくつろいでおられる大君さまよ】

この歌は、大宝元年（七〇一）九月、すでに退位していた持統女帝の紀伊行幸の途次、現在の古瀬で詠われた歌である。作者の坂門人足は、『万葉集』にこの一首のみを残しているだけ。来歴などは不明である。

### 〈植物メモ〉

◎ツバキ・ヤブツバキ（ツバキ科）

本州の北端から琉球列島を経て、台湾の一部にまで分布している常緑高木。葉は楕円形または卵形長楕円形、先は短く急に尖る。晩秋から春、枝端に一～二花をつけ、花弁は五～六枚、雄しべは合着して筒状を成し、花後花弁と一体となって落下する。花冠は三岐し、果実は無毛。種子は良質の油を提供してくれる。変種に「ユキツバキ」「ユキバタツバキ」などがある。冬に咲く類似種の「サザンカ」に対して「ツバキ」が春に咲くのは、生育抑制のアブシシン酸というホルモンを作れるからである（寒さから身を守る知恵と言える）。

## （40）かづのき・ヌルデ（ウルシ科）

足柄の和乎可鶏山《わをかけ》のかづの木の　我をかづさねもかづさかずとも　作者不詳（東歌）

【足柄の、私に心をかけてくれるという名をもつ可鶏山の「かづ」（誘惑するの意）のように、私を誘ってくださいな。かづの皮を裂くばかりでなく】

相模国の東歌。「かづの木」は現在の「ヌルデ」である。「かづさね」は誘う意。「かづをさく」とは、「かづの木の外皮を剥ぐ」ことである。当時、かづの木の外皮を剥いだ幹を軽く割いて御幣を作り、また苗代に立て魔除けとする風習があったことを指している。

〈植物メモ〉

◎ヌルデ（ウルシ科）

各地の山野に生え、朝鮮半島、台湾、中国、ヒマラヤ、インド、インドシナの温帯から熱帯に分布、高さ五mほどの落葉小高木。秋に紅葉する。花は夏。核果は酸塩味のある白粉をかぶる。和名「ヌルデ」は「木に傷をつけると白い漆液を出すが、それを塗ること」からという。葉に「ヌルデノミミシフシ」が寄生して虫えいができたものを「五倍子《ごばいし》（ふし）」といい、薬用や黒色染料にし、お歯黒に用いた。

## (41) ヤブコウジ・ヤマタチバナ（ヤブコウジ科）

あしひきの山橘《やまたちばな》の色に出でよ　語らひつぎてあふこともあらむ　春日王

【ヤブコウジの実が赤く色づくように、はっきり外に表しましょうよ。そうしたら、語り続けて会うこともあるでしょう】

恋の歌である。恋の成就への苦労は昔も今も同じ。人目を忍んでばかりはいられない。はっきり世間に目立つ二人になってよいではないかと、相手の女性に申し込んでいるのであろう。この歌を詠った春日王は、さわらびの歌でなじみ深い志貴皇子の子である。文才を引き継いでいる。

「ヤブコウジ」は、真夏の頃に人の気づかぬほど小さな白い花を開く。ところが、秋になるとつぶらな青い実が次第に大きくなってくる。霜が降りると急に赤く色づくのである。恋も徐々に実ってきたのであろう。その確かな自信の気持ちがこの歌になったのである。

和名の「ヤブコウジ」は、葉や実が「コウジミカン」に似るから、古名「ヤマタチバナ」は「葉がタチバナに似るから」と言われている。

なお、赤い実がなる常緑低木と言えば、「マンリョウ」（万両：ヤブコウジ科）、「センリョウ」（千両：センリョウ科）が有名だが、「百両」は「カラタチバナ」（ヤブコウジ科）、「十両」は何とこの「ヤブコウジ」なのである。ちなみに「一両」は「アリドウシ」（アカネ科）（アカモノ説もある）である。

〈植物メモ〉

◎ヤブコウジ（ヤブコウジ科）
北海道南部から九州までと朝鮮半島、台湾、中国の暖帯に分布し、山野の林下に生え、また観賞用に植栽する常緑小低木。地下茎を伸ばして繁殖、分枝せず高さ一〇～二〇㎝になる。葉は長さ六～一三㎝、互生し、茎の上部で一～二層に輪生状につく。花は夏、下向きに咲き、白色の花冠に腺点がある。果実は径五～六㎜、秋に赤く熟して、翌年まで下垂し美しい。

## (42) エ・エノキ（ニレ科）

わが門の榎《え》の実もり喫《は》む百千鳥《ももちどり》　千鳥は来れど君そ来まさぬ　作者不詳

【私の門前のエノキの実をついばむ小鳥の群れ。千鳥たちは毎日来るのに、あなたは来てくれなくて……】

榎の実は、小豆くらいの大きさ。熟すると赤黄色。熟した実を求めて小鳥たちが集まってくる。実は殻が無く、軟らかいので食べやすいのだろう。

歌を詠った女性は、「私も赤い榎の実のように、こんな熟れた女になったのに、あなたはちっとも来てくれない」と嘆いているのだろう。この歌では、赤い実が対象になっているが、私もエノキの実に惹きつけられた時代がある。小学校の頃である。男の子の遊びで人気があり、熱中したものに「エノキ鉄砲作り」があった。エノキのまだ熟さない青い実を鉄砲の玉にしたのである。この玉を求め、村中のエノキの木を探し回ったことがある。エノキがどこにあるか、今でも場所を思い出すことができるほどである。

「エノキ」という名は、この木にめでたいヤドリギが寄生するので、「吉《え》の木」の意味であるとされている。また「ユノキ」と呼ぶ地方もあるが、こちらは神聖なことを意味する古語の「斎《ゆ》の木」ではないかと言われている。

今もエノキは、神社の境内や道の四辻の石地蔵の傍らなどにそびえている。江戸時代、各地の街道の一里塚には必ずエノキが植えられていたという。旅の安全を祈っての霊樹だったのだろう。

エノキ

### 〈植物メモ〉

◎**エノキ（ニレ科）**

本州から九州の山林中に生え、道路脇の一里塚の目印に植栽された落葉高木。高さ二〇m、径一mに達することもある。樹皮は灰色、肌はいぼ状に突出するが細かく剥げない。花は春、雌雄同株で新枝の下部は雄花、雌花は上部の葉腋につく。呼名は「榎《エ》」。国蝶「オオムラサキ」の食草。

## (43) ケイトウ (フウロソウ科)

秋さらばうつしにもせむと吾が蒔きし　韓藍《からあゐ》の花を誰が積みけむ　作者不詳

【秋になったならば、うつし染めにしようと蒔いた私のカラアイの花を、誰が摘んだのであろう】

歌の「カラアイ」は、「韓から来たアイ」という意味の草の名である。はじめ、このカラアイは、今の「ツユクサ」か「ベニバナ」か、あるいは「ケイトウ」かといろいろな説があったが、現在では「ケイトウ」であるというのが定説になっている。「ケイトウ」は「鶏頭」と書き、その花の姿が「鶏の〝とさか〟に似ているから」の名である。鶏を知っている人なら、誰もが納得するだろう。この歌は花盗人を責める歌ではなく、かねて自分のものと思い決めていた娘が他人に心変わりしていった嘆きを詠ったものである。作者不詳なのは、民謡として人々のあいだで詠い親しまれてきたものだからだろう。ほろ苦い失恋の味を知った若者たちが、ひそかに口ずさんで自らを慰めていた歌なのだろう。失恋は名のない若者たちばかりではなかった。

わが屋戸に韓藍《からあゐ》蒔き生《おほ》し枯れぬれど　懲りずてまたも蒔かむとぞ思ふ　山部赤人

【家にカラアイを蒔き、枯れてしまったが、これに失望せず、さらに蒔こう】

「一度失敗した恋を、もう一度どうしても復活させたい」と山部赤人が詠っているのである。何とおおらかなことだろう。

恋ふる日のけ長くあればわが園の　韓藍の花の色に出でにけり

【恋い慕う日が続いたせいか、私の思いも庭の鶏頭の花のように、隠しおおせず表れてしまって、どうしたらいいでしょう……】

ケイトウの花は何とも不思議な花である。美しいというより、その肉厚でびらびらとした紅色の濃さが、独特の激しさを思わせる。秘めた愛というより、目立つ愛で、顔に表れて当惑するといった思いが託されているように思われるがどうだろう。

『万葉集』ではないが、ここで「百人一首」の一首が思い出される。

忍ぶれど色に出でにけりわが恋は　ものや思ふと人の問ふまで　平兼盛（『拾遺集』）

〈植物メモ〉

◎ケイトウ（ヒユ科）

熱帯地方のインド原産。古くから日本に渡来し、観賞用として植栽された一年草。茎は直立し、高さ三〇～九〇㎝。葉は互生し長い柄がある。花は夏から秋、肉冠の左右両面に密生し、頂部に赤、紅、黄、白などの鱗片が着く。種子はレンズ状で黒く光沢がある。園芸品種としてほかに「チャボゲイトウ」「ヤリゲイトウ」などがある。

## (44) ハンノキ（カバノキ科）

古にありけむ人の求めつつ　衣に摺《す》りけむ真野の榛原《はりはら》

作者未詳

【この真野の榛原は、昔の人、高市黒人らが求め手折ったりなどして、衣服に摺りつけたその真野の榛原なのだ】

「榛」は「ハンノキ」の古名である。ハンノキはミズバショウなどが生えるような湿った土地を好み、時々水に浸かるような場所にも生育している。かつて新潟県に行くと見られたが、田の畔などに植え、稲を乾かす稲木として用いられていた。土地改良と機械化が進み、ほとんど見られなくなったのは、やはりさびしい気がする。

榛《ハンノキ》の木は樹皮や実などから染料やタンニンを採るために用いられるが、特に古代は「榛摺《はりずり》」と言い、これで衣服を染めていた。榛摺とはハンノキ類（「ハンノキ」「ヤマハンノキ」「ヤシャブシ」など）の実を焼いた黒灰で摺染めをすること。

『万葉集』にはハンノキを詠んだ歌が一四首あるが、そのうち一〇首は色染めとして詠んでいる。他の四首も三首までが染色を匂わせている歌である。ハンノキと染色は深い関係があったことが分かる。なお、ハンノキには「墾の木」という別名もあり、「土地を開墾する」という意味の古語。ハンノキの生えるような湿地を水田にしたからだろう。長野市の善光寺本堂の裏側に、ハンノキが数本生育しているが、これは今の本堂のある周辺が昔、湿地だったことを物語っているのだろう。

**〈植物メモ〉**

**◎ハンノキ（カバノキ科）**

日本各地および朝鮮半島、台湾、中国、ウスリーの温帯から暖帯に分布。林野の湿地を好んで生え、田の畔などに植栽される落葉高木。葉は長さ五～一五㎝。花は早春、前年の秋までにすでにつぼみ(花芽)ができている。球果は茶色の染料、材は建築、器具に用いる。和名は「ハリノキ」が転訛したもの。古くから当てていた「榛」の字は「ハシバミ」の漢名である。

**◎ヤマハンノキ（カバノキ科）**

日本各地およびサハリン、カムチャッカ、朝鮮半島、東シベリアに分布。ハンノキよりはやや高い山地に生え、また砂防林として植栽する落葉高木。高さ二〇m、幹は径六〇㎝ほどに達する。樹皮は紫褐色を帯び赤褐色の毛を生じる。花は早春、葉の出る前に咲く。冬芽に短い柄がある。

◎**ヤシャブシ（カバノキ科）**

本州、四国、九州の日当たりのよい山地に生える落葉小高木。高さ五〜七m、樹皮は灰白色をしている。若い枝や葉に毛があるが、後に葉裏に少し残し他は無毛。葉は長さ五〜一〇㎝。花は早春、葉の出る前に短枝に開く。球果は二個、染料にする。和名は「球果にタンニンが多く五倍子（ふし）と同じ用途がある」ことから。

## (45) カツラ（カツラ科）

向《むか》つ峰《を》の若楓《かつら》の木下枝《しずえ》取り　花待つい間《ま》に嘆きつるかも　作者不詳

【向こうの丘の若いカツラの下枝を手に取り、その花の咲くのを待っている間に、待ち遠しくなってため息をついてしまったよ】

作者は、恋した少女を我がものとして、その成人するのを待っているのが待ち遠しくて嘆かわしくなるほどであるという意を、カツラの木にこと寄せて詠んだものである。カツラは、月中にあるという中国の伝説上の樹木なので、簡単には手に入れられないということが含まれているのだろう。そういえば河口松太郎作の『愛染かつら』という小説があった。映画化もされ、主題歌「旅の夜風」とともに人気を博し、一世を風靡したことがある。上田市別所温泉の北向観音には、「愛染かつら」なる樹木もある。愛染とは「むさぼり愛し、それにとらわれ染まること」である。

なお善光寺には「かつら御堂」という別称があり、これは全部で一〇八ある柱のうち六八がカツラでできているからである。カツラを漢字で「楓」とか「桂」とか書くが、「楓」はマンサク科の「フウ」、「桂」はモクセイ科の「モクセイ」である。ただし、現在ではカツラには「桂」を使用されている。和名の「カツ」は「香出」だと言われている。秋、黄葉の頃に良い匂いがする。

**〈植物メモ〉**

**◎カツラ（カツラ科）**

日本各地の谷間に生える落葉大高木。高さ三〇ｍに達する。短枝には一枚ずつ葉がつき、細い。長枝には一枚ずつ葉が対生し、葉の長さ三～七㎝。花は春、葉より早く開き、萼や花弁は無く、雌雄異株。古名「オカヅラ」は「ヤブニッケイ」の「メカヅラ」に対しての名である。材は建築、家具、彫刻、樹皮は染料に用いる。

## (46) ハゼノキ(ウルシ科)

皇祖《すめろき》の　神の御代より　はじ弓を　手握り持たし　真鹿児矢《まかごや》を　手挟み添へて……

大伴家持

サトウハチローの「小さい秋見つけた」にも出てくる「ハゼノキ」は野山に自生している木だが、折れやすく粘りのない材質である。そこで、ハジノキで作った弓が登場するのである。落ちぶれつつある斜陽の大伴家であるが、宗家嫡流である家持は「我が大伴家の祖先は天孫降臨の時、手にハジ弓を握って護衛した名門だよ」と一族を諭した長歌の一節である。もろいハジ弓が合戦に役立ったかは疑問だが、ハジはウルシと同じように、これに触れると皮膚がかぶれる不思議な力がある。ハジのこの霊妙な力で、悪魔を退治することができると信じられていたのだろう。

**〈植物メモ〉**

◎**ハゼノキ(ウルシ科)**　核果からロウを採るために植栽される高さ一〇mほどの落葉高木。関東地方以西から琉球列島に野生化している。さらに中国、ヒマラヤ、タイ、インドシナなどに分布。「ヤマハゼ」に似るが、芽の鱗片以外には全く毛がない。葉は四~七対の小葉からなる羽状複葉で、秋の紅葉は美しい。花は初夏。別名は「リュウキュウハゼ」。「昔、琉球から日本に入った」と思われているから。漢名は「紅包樹」。

## (47) カナムグラ・ヤエムグラ(クワ科)

万葉植物の中のつる性植物を調べてみたら、「ヤエムグラ」「カナムグラ」があった。農作業をしている筆者を困らせる雑草(?)の一種である。万葉植物だと知り、正直、ビックリさせられた種の一つである。

「百姓は雑草との戦いである」

農作業をしている私の実感である。芽が出てきたら、すぐに抜き取ってしまわないと、作物に絡みつき、大変。雑草対策として私は、秋の収穫が終わったら、雪が積もる前にシャベルで農地全体の天地返しし、雑草が一本も残らないようにする。そして春に、農地から雑草の芽が出始めたら、クワガラ(農具)で、草を取りながら、耕す。後は、雑草が出てきたらやはり耕す。何より、良い農作物を作り、雑草の出る隙間を作らない。こんなことにより、我が家の畑には、いつも雑草はほとんど見当たらない。

思ふ人来むと知りせば八重葎《やえむぐら》　おほへる庭に玉敷かましを　　作者不詳

【あなたがおいでになると分かっていましたら、ムグラの茂った庭にきれいな玉でも敷きましたのに】

『万葉集』（八巻十一・十二）の巻末近くにある「問答歌」と題する歌の一つである。いずれも作者の分からない恋愛の歌である。問の歌とそれに答える歌が一対になっている。思いかけず、思いを寄せる人が訪ねて来てくれた時のとまどいの心を詠ったもの。

この歌に対し、もう一つ、次の歌を詠ったのである。今も昔も来客を迎える時は、家のまわりの雑草も取り、きれいにするのが礼儀なのである。ただし、家のまわりがすべてアスファルトで覆われて、雑草が生え出る場所がないという最近の様子も気にはなる。

玉敷ける家もなにせむ八重葎　おほへる小屋も妹と居りては　　作者不詳

【玉を敷いた立派な家が何になろう。ムグラの茂った小屋でも、妹よ、君と居るのなら】

という心境を詠ったものだろう。『万葉集』にはムグラは四首出てくる。茎が鉄のように強いので、「カナムグラ」と命名されたのである。

## (48) ナシ(バラ科)

もみち葉のにほひは繁ししかれども　つまなし(妻梨)の木を毛折りかざなむ
作者不詳

【もみじの色にはさまざまあるが、私はあの、あまり目立ちもしない梨の木の葉のもみじ(黄葉)したのを好ましく思い、その枝を手折り取って髪にさそうと思う】

「つまなし」は、「妻なし」とも「夫なし」ともとれる。『万葉集』では「もみじ」は「紅葉」ではなく「黄葉」である。

上記の歌に応じて詠ったと思われる歌が次の歌である。

露霜《つゆしも》のさむき夕の秋風に　もみちにけりも妻梨の木に
作者不詳

【露の置く寒い夕方咲く秋風で、すっかりもみじ《黄葉》してしまったことよ、妻梨の木は】

「露霜」と書き、万葉時代は「つゆしも」と清音で読んでいたが、後に「つゆじも」と濁音で読むようになったと言われている。「もみじ」という言葉も、万葉時代は「もみつ」と清音で発音していたという。それが、名詞化して「持道」になり、平安時代に「もみぢ」と濁音化したと言われている。

なお、梨は古くから日本にも自生していたが、後にヨーロッパからも入ってきている。現在、日本には「アオナシ」「ヤマナシ」などが自生している。「ヤマナシ」から改良された梨も栽培されている。

**〈植物メモ〉**

**◎ヤマナシ（バラ科）**

中国に分布。日本では九州、四国、本州の里山や人家近くにある落葉高木。高さ五ｍ以上。食用梨の野生型。葉は互生し長さ七～一二㎝、幅四～五㎝、卵形または狭卵形、先は鋭尖形、若葉には両面とも褐色を帯びた綿毛があるが、すぐに無毛になる。花は春、開葉と同時に開き径二・五～三㎝。萼裂片は狭卵形。花弁は白色。花柱は五個、離生する。果実は球形、径二～三㎝、褐色。類似種の「アオナシ」は果実萼片が残るが、本種は残らない。

**◎ナシ・アリノミ（バラ科）**

果樹として栽培される落葉高木。本州、四国、九州および朝鮮半島南部や中国中南部の暖帯から温帯に分布する。人家近くの山林中に生える「ヤマナシ」から改良されたものと言われている。花は晩春に咲き、秋に果実は熟し、緑色または褐色で皮目が多い。別名「アリノミ」は、「梨（無し）」にかけ、反対の「実が有り」と名付けられたものである。

**◎セイヨウナシ（バラ科）**

ヨーロッパ中部から南部、西部アジア、トルコ中部からイラン北部一帯に野生する落葉性果樹で、高さ一五～二〇ｍの高木。野生種にはトゲがあるが、園芸種にはない。葉は卵形、波状鋸歯縁で、光沢のある緑色、花は径二・五～三・五㎝の五弁花で、淡紅色または白色、葉とともに現れ、散形花序に六～一二花をつける。果実は追熟させると軟らかくなり、芳香を発する。現在の栽培洋梨は、本種の血を引いている。

## （49）シリクサ・サンカクイ（イグサ科）

湖《みなと》葦《あし》に交れる草の知草の　人みな知りぬ吾が下おもひは　作者不詳

【河口の葦の中に交じっているシリクサの如く、世間の人は皆知ってしまった。私の隠している恋を】

「シリクサ」がどうして「サンカクイ」であることが分かったのだろう。平安時代の『和名抄』に「サギノシリサシ」という名の草がある。それと現在の和名「サンカクイ」を「シリクサ」「サギノシリサシ」と呼ぶ方言名があった。この二つのことから、万葉植物の「シリクサ」が、現在の「サンカクイ」であることが分かったのである。しかしなぜ、「シリクサ（知り草）」と名付けたかは謎である。

恋愛の歌に、「知り草」を使った表現も凄い技法といえる。

# 第七章　有用な万葉植物

## （1）ツキクサ・ツユクサ（ツユクサ科）

「ツキクサ」を詠った歌は、『万葉集』には九首あるが、その中の二首は、次の歌のように、衣に染める性質があることを詠っている。

つきくさに衣ぞ染むる君がため　まだらの衣すらむと思ひて

【ツユクサで着物を染めます。あなたのために色のついた着物を摺ろうと思います】

百《もも》に千《ち》に人は言ふとも月草の　移ろふ心我持ためやも

【さまざまに他人は言い立てても、私はツキクサ染めのような移り気は持ちません】

深読みした解釈であるが、この歌でも、ツユクサ染めの消えやすい性質が詠われている。「ツユクサ」は「うつろいやすい恋」の象徴である。

私たちは「ツユクサ」は「つゆくさ」としか言わないが、実は名前がたくさんある。例えば、ホタルが好んでこの草に止まるというところからついた「ホタル草」。また染物屋の奥様は自分の着衣を美しく染めて着飾ることができるということから「コウヤ（紺屋の意味）ノオカタ（主婦の意味）」。ほかに「ソメグサ（染め草）」「エノグバナ（絵の具花）」「アイクサ（藍草）」「ウツシグサ（写し草？）」などの方言がある。これらはすべて、ツユクサが染料として用いられたことを示している。

『万葉集』の「ツキクサ」は、ツユクサの美しい花びらを布に摺りつけると色が着く故の名である。ただし、花びらの汁は甚だ消えやすいので、後になって下絵を描くときに重宝されたくらいである。実際に、江戸時代、京都の宮崎友禅によって考案された友禅染では、その絵文様の下絵を描くのに江州産のツユクサが使用されたと言われている。現在も、江州草津近郊の木ノ川や下笠で、ツユクサの変種「オオボウシバナ」の栽培が続いている。地元では「アオバナ」と呼ばれ、大型の花をつけるツユクサである。

ツユクサ

なお、ツユクサの特性（咲く様子）をよく捉えた歌に、次のようなものもある。

朝咲き夕は消ぬるつきくさの　消ぬべき恋も吾はするかも

【朝咲き、夕方には散ってしまうツキクサのように、私も身も心も消え入らんばかりのはかない恋をするだろうか】

朝露にしっとりと濡れた草むらに咲くツユクサの花の、何と清新なことだろう。早朝の冷気の中で、その濃い碧色は露の化身かと見まがうばかりにみずみずしい。しかし、夏の陽が次第に高くなると、葉の上に置かれた露の玉は虹色に光ながら消えてゆき、それとともにツユクサの花もいつの間にか消えてしまう（一日花）。しかし、次々と花が咲き、花期は長く、私たちを楽しませてくれる。と同時に、農家にとっては悩ましい雑草でもある。

〈植物メモ〉

◎ツユクサ（ツユクサ科）

日本各地および朝鮮半島、中国、サハリンの温帯から暖帯に分布。道端や荒れ地に生える一年草。茎は地を横に這い斜上し、多くは分枝する。葉は二列で互生し、長さ五～七㎝。花は夏、苞の外に出て一花ずつ開き、ときに白花または淡藍紫色。和名の「露草」は露を帯びた草のようであることからという。古名は「ツキクサ」。

## (2) ヤブカンゾウ（ユリ科）

わすれ草吾が紐に著く時となく　思ひわたれば生けりともなし

作者不詳

【悩みを忘れるというワスレグサを私は身につける。時なく恋い思うと全く生きた心地もしないことよ】

現在の「ヤブカンゾウ」を「ワスレグサ」と呼んだのは、「この花の美しさを見ればすべての悩み・苦しみを忘れてしまう」という意味からである。単に〝物忘れをする〟という意味ではないので、ご安心を。

この歌は、そういう相聞歌である。『万葉集』にある四首すべてが、この歌のように苦しみを忘れたいためにワスレグサを身につけるというものである。

〈植物メモ〉

◎ヤブカンゾウ（ユリ科）

川の堤防など、人里近くに生える多年草。根は膨れて塊根となる。葉は多数、ほとんど根元に集まって出て、「ノカンゾウ」より幅が広く、二〇〜三〇㎜。花序は七〇〜一〇〇㎝、花は橙色で八重咲きとなり、下方は長さ二㎝ほどの筒となる。三倍体のため結実しない（ノカンゾウは結実する）。

昔、中国より観賞用または食用として移入されたものが野生化している。別名は「ワスレグサ（忘憂草）」。幼い頃、筆者の仕事の一つにヤギのエサになる野草採りがあった。ヤギが一番喜んで食べたのが本種だったことを思い出す。なお本種は、今なお若菜を「コウレッパ」と呼んで、食べる地方が残っている。

## （3）カラムシ（イラクサ科）

人里や原野に多く生える多年草。茎には短毛が密生し、高さ一～一・五mにもなる。葉は鋸歯のある広卵形で、先は尾のように尖る。表面は軟毛がありざらつき、裏面は綿毛が密生している。いずれにしても我がリンゴ園の土手に群生しているが、茎も硬く、草刈りで難儀している。名は、「茎《カラ》を蒸し、皮の繊維を取った」ことからつけられた。古老に聞いたら、昔、この葉をカイコにも与えたとのこと。いずれにしてもいろいろに利用されたので、今なお、農家のまわりに生き残っているのだろう。

蒸しふすまなごやが下に臥せれども　妹とし寝なば肌し寒しも　藤原麻呂

【ほかほかのやわらかなカラムシの繊維で織られた布団にくるまって寝ているが、あなたと寝ていないので肌寒い】

この歌は京職（都を治める長官）であった藤原麻呂が、大伴郎女《おおとものいらつめ》に贈った恋の歌三首のうちの一つ。いずれも恋する人・郎女に逢えないせつない想いを詠っている。

## （4）イチョウ（イチョウ科）

『万葉集』にある「ちち」については、「イヌビワ」または「イチジク」とする説もあるが、ここではまずはじめに、「イチョウ」として取り上げる。

ちちの実の　父の命《みこと》　ははそ葉の　母の命　凡《おほ》ろかに　心尽くして　思ふらむ
この子なれやも……　　　　大伴家持

【（イチョウの実の）父君や、（コナラの葉の）母君が、いい加減に心配しているような、そんな子ではないのですよ】

「イチョウ」には「乳の木」との異名があることはよく知られている。老木になると「乳」と呼ばれる突起が垂れ下がることに由来する。長野県内でもよく見られる。この長歌は、名家の嫡流の家持が、藤原氏の圧迫を受ける大伴一族の運命を懸念して、立志の気概を示した歌の冒頭である。ただしこの歌は、大伴一族だけでなく、世の男たちに向かって「……心さやからず後の代の語り継ぐ名を立つべしも」と奮起を促した長歌であろう。父と母を詠うのに、それぞれ植物名の枕詞を用いた珍しい表現である。母の枕詞「ハハソハノ」は「楢」（コナラか）だが、父の「チチノミノ」が何であったかについては「イヌビワ説」と「イチョウ説」とがある。

イチョウ説は、賀茂真淵が「チチノ木とは銀杏で、老木に乳房の如きもの（気根）の垂れるのでいう」（「冠辞考」）と説いて以来の説である。

中国原産のイチョウは、日本には六世紀半ばに仏教とともに伝来した（とするならば「万葉植物」として可である）。そして今から六〇〇年前の室町時代に神社や寺院に植えられたと言われている（伝来時期も室町時代であるとの説もある。その場合、イチョウ説は不可である）。名は漢名の一つの「鴨脚」（ヤーチャオ）が転訛したとか、「一葉」から「イチョウ」の名がついたとの説がある。

イチョウ科は一属一種からなり、この仲間のイチョウ目は中世ジュラ紀の頃、最も栄え、中生代の終わりにはほとんどが恐竜とともに絶滅して、現存するイチョウ一種だけが残った。そのために「生きた化石」と呼ばれるようになった。

幹は丈夫で火に強く、よく萌芽し、厚い樹皮をもち、発根性がよい。第二次世界大戦で東京がアメリカ軍の空爆で焼野原になった後、最初に芽吹いたのはイチョウだったと言われている。長寿で千年以上生きる。そんなことから、東京都、神奈川県、大阪府の木に選ばれている。

なお稀に、葉の先に実がつく「オハツキイチョウ」というのがある。長野県大町市にある曹洞宗・霊松寺で観察したことがあるが、話を聞くと、この実を求めての訪問客が多いとのこと。

一方、「イチョウ」は万葉の時代にはまだ渡来していなかったと考える学者はイヌビワ説を立てる。イヌビワは「天仙果」とも呼ばれる。高知県や九州では「イタブ」。クワ科の樹木で、実がイチジクに似ている。そして葉や実をもぐと白い乳状の液が滲み出る。この樹液が「チチ」であるとの説である。今も「イヌビワ」を「チチノミ」と呼ぶ地方がある。

イチョウ

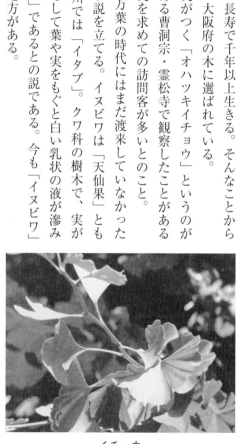

## 〈植物メモ〉

◎イチョウ（イチョウ科）

中国原産とされるが、中国内での自生地は不明である。日本への渡来時期も不明。約二億年前に全盛期を迎えた種類で、世界各地から化石が発見されている。樹形は円錐形で、高さ四〇m、直径二mほどになる。寿命が長く、各地で大木が知られている。

樹皮は灰白色で粗い。縦に割れる。押すと軟らかい。葉は独特な扇形で、長さ八㎝ほど。葉脚はくさび形。無毛でやや厚い。浅い緑色で秋には黄色くなり落葉する。中肋はなく、葉脈は左右に二分枝する。若い個体やひこばえでは葉身が深く切れ込む。葉は互生につくが、枝先の短枝では輪生状になる。花は雌雄異株。春に雄花はまとまって穂状につく。

果実は、直径一㎝ほどの球形、種子は「ギンナン」と呼ばれ、悪臭白色で、二または三稜。材は軟質で、心材は黄色を帯びる（まな板、彫刻用）。街路樹としてポピュラーな木である。

漢名には、「鴨脚」と「公孫樹」の二つがある。「鴨脚」というのは、イチョウの「葉の形が鴨の脚に似ている」から。「公孫樹」というのは、「公」は「祖父の尊称」で、「この木の実がなるまでには長年かかるので、祖父が植えてもその実を食べるのは孫の代になるからだ」と言われている。

なおイチョウに関しては、日本人の大発見がある。イチョウは雌雄異株で、珍しいことに動物と同じように、精子と卵子が受精することによって子孫を残すのである。明治二十九年（一八九五）に東京大学の画工で助手であった平瀬作五郎は、小石川植物園のイチョウの木で、種子植物であるイチョウに精子があることを世界で初めて発見した。それまでは、精子があるのはシダ植物以下だと言われていた時代のことである。

## （5）ニラ（ユリ科）

さわつぐの岡のくくみら我摘めど　籠にも満たなふ背なと摘まさぬ　東歌

【さわつぐの丘のニラは、私が摘んでもなかなか籠に満たないのです。……それならあなたの旦那さんと一緒に摘みなさい】

「くくみら」は「茎韮」のことで、「茎の生い立った韮」の意味である。「みら」は「ニラ」の古名で、古代から数少ない日本の野菜であった。「ニンニク」「ネギ」「ラッキョウ」「ノビル」とともに、香りの強い野菜・五葷の一つで、精力もつくので、修業者が食することを禁じられていた（葷酒山門に入るを許さず）。

**〈植物メモ〉**

◎**ニラ（ユリ科）**　ニラは本州から九州にかけて自生していると言われている多年草だが、多くは栽培されている。鱗茎は卵形で、細長く平たい葉が出る。夏に三〇～五〇㎝の花茎を伸ばし、先端に白色の小型の花を半球状に多数（二〇～四〇個）につける。花被片は六枚。果実は朔果。葉を食用にする。名は、「ミラ（美良）」の転じたものだという説があるが、「ミラ」の意味は不明。

## （6）ヒル・ノビル（ユリ科）

醤酢《ひしほす》にひるつき合《あ》てて鯛願う　吾にな見えそなぎのあつもの　長忌寸意吉麻呂

【酢醤油にヒルをつきこんであえものとし、鯛を望んでいる私に、ナギの吸い物は見せてくれるな】

「ノビル」は日本人の栄養を支えた古い植物の一つである。『古事記』にもすでに名前が見える。倭健命《やまとたけるのみこと》が関東を平定して足柄山まで来た時、白い鹿に化けてきた「坂の神」を打ち殺すことができたのも、ノビルのおかげであったという。この説話は、すでにノビルが食用だったことと高い栄養価に対する信仰のようなものがあったことを物語っていると言われている。禅寺の門柱に「葷酒山門に入るを許さず」とあるが、「ニンニク」「ニラ」「ラッキョウ」などとともに栄養をつけたものは煩悩を滅するための修行の妨げになるからだろう。

〈植物メモ〉

◎ヒル・ノビル（ユリ科）

日本各地および朝鮮半島、台湾、中国の温帯から暖帯に分布。山野や堤の上などに生える多年草。全体にニラの臭いがする。茎は白粉をふき、高さ六〇㎝ほど。葉の内面は溝になっている。花は初夏、まばらな散形に出、しばしばムカゴが混じる。花被片は背に紫色の線がある。和名は「野に生えるヒル」の意味。「ヒル」は「ネギ」「ニンニク」などの総称で、「噛むとひりひりと口を刺激する」から。

## (7) イネ(イネ科)

青楊《あをやぎ》の枝きりおろし斎種《ゆたま》蒔き　ゆゆしき君に恋ひわたるかも　作者不詳

【ヤナギの枝を挿し、モミを蒔いておられる立派なあなたを恋い慕っています。分かっておられますか】

歌は相聞歌(恋歌)である。苗代作りの様子を詠っている。「斎種」とは「清浄なモミ」のこと、ヤナギの枝を苗代田の水口に挿し、田の神を迎えてモミを蒔くのである。今でも大和路の農村地帯では、苗代の一隅に松の枝、サカキの枝などを挿し、田の神を迎えてその年の稲の豊作を祈っているそうだ。農作業はすべてが神事だったのである。

十数年前までは筆者も苗代を作っていた。機械化が進み、専門農家に田植えを依頼するようになって苗代作りは行っていない現在の状況に、少し寂しい気持ちもしている。

『万葉集』には、イネに関する歌が四四首ある。その中には、労働の歌、それにまつわる上記のような恋の歌もあるが、白米を食べる歌は一首もない。長い間苦労をして作ったお米は税として取り立てられ、自分たちの口にはほとんど入らなかったようである。
イネの歌をもう一首、紹介する。

住吉《すみのえ》の岸を田に墾《は》り蒔きし稲の　しか刈るまでに逢わぬ君かも　作者不詳

第六章の「ハンノキ」の項で紹介したが、「墾る」（ハンノキは「墾ノ木」）は土地を開墾するという意味の古語である。第三・四句は字余りで、「しか」は漢文の意訳読みで「刈るまでに」のみで可。歌全体の意味は、「住吉の岸辺を水田に開墾して、蒔いた稲が（生長して）このように刈り取るまで逢わないあなたであることよ」である。長い間愛する人に逢っていないことを嘆いた歌である。

『万葉集』には、「稲」という名で詠まれた歌は四首しかないが、「秋（田）穂」「田苗代」「早稲（田）」など、明らかに稲を連想させる語句を含む歌は、ほかに少なくとも二〇首以上ある。古代から稲作が広く行われていたことを示唆している。

「稲」はさまざまな品種に分化した「イネ」を総称する名である。今日「ウルチ米」「モチ米」の二種の米があることが知られているが、古くからそれぞれ「ウルチ」「モチ」と称されていた。ウルチとモチの区別は、粘りの有無にあり、含まれるデンプン質の組成（アミロースとアミロペクチン）によって決まっている。ウルチはアミロースの割合が多く、逆にモチはそれをほとんど含まずアミロペクチンのみからなる。我が家でも、昔は二種を育てていたが、いつの頃からか、モチ米は作らなくなり、餅つきもしなくなってしまった。なんだか寂しい気持ちである。

### 〈植物メモ〉

◎イネ（イネ科）

熱帯アジア原産といわれ、古くから日本に伝わった一年草。高さ五〇～一〇〇㎝。葉は互生し長さ三〇㎝。花序は円錐形、開花時は直立、果時に垂れ「否簿」となる。小穂は一花からなり苞頴は退化。護頴と内頴がもみ殻。茎を「わら」として用いる。日本人の主食。多数の品種がある（「コシヒカリ」「あきたこまち」など）。漢名「稲」、中国や台湾では食用とされる。

## （8）マツタケ（マツタケ科）など

今も昔も秋を代表する香りと言えばマツタケだろう。もちろん『万葉集』にもある。

高松のこの峰も狭に笠立て　満ち盛りたる秋の香の良さ　作者不詳

【（高松（奈良県春日山の東側にあるの意吉麻呂《おきまろ》）の頂上に、狭いくらい一面に傘を立てて生えているマツタケのなんと香りのよいことよ】

『万葉集』でマツタケが詠まれたのはこの一首のみ。「香りマツタケ　味シメジ」と言われるが、この歌から、万葉の時代からその芳香が愛されていたことがよく分かる。万葉時代に、高松（高円山）には聖武天皇の離宮があったと言われているが、現在、この地はマツタケなど全く生えない土壌である。そんなことから、高松は愛知県一宮市高原町高松ではないかという説も出てきている。

マツタケは主にアカマツの林に発生するキノコで、クロマツ、ツガにも稀に発生する。胞子が落ちた地点を中心に四方に伸び、その先端で子実体（キノコ）を形成する。傘ははじめ球形で、後に饅頭形から平になり、そのうちに縁が反り返る。

## （9）ササクサ・ミツマタ（ジンチョウゲ科）

春さればまづ三枝《さきくさ》の幸《さき》くあらば　後《のち》にも逢わむな恋ひそ吾妹《わぎも》

『柿本人麻呂歌集』

【春になると真っ先に咲く（さきくさ）の、その名のように幸いに無事であったなら、またいつか逢えるでしょう。そんなに恋に苦しまないでください、恋しい人よ】

実は、この歌に出て来る「サキクサ」についての定説はない。一つの説に「ミツマタ」がある。『万葉集』に「サエクサ」を「三枝」という漢字で表しているので、枝が三つに分かれている植物なら「ミツマタ」が最も合っていると考えられる。「春まず咲く」ということでも、ミツマタがふさわしい。ミツマタは春先に、まだ葉の出ていない枝先に黄色の小花が寄り添って咲く。ミツマタ説の苦しいところは、野草ではなく木なので、「～クサ」と言いにくいところか。

実は、筆者がミツマタを知ったのは、大学に進学してから。生まれ育った山村では見たことがなかった。友達から、ミツマタの樹皮の繊維は非常に強く、和紙の原料になる、しかも一万円札はミツマタから造った紙に印刷されていると教えられ、俄然、魅力を感じ、以後、ミツマタそのものを忘れられなくなってしまった。

そんなことで、いろいろな説がある。二番目に多いのが、なんと私の大好きな「ササユリ」である。奈良市の率川《いさがわ》神社の三枝祭で酒樽を飾る花が「三輪山に咲くササユリ」であるというのが、その有力な根拠になっている。

ほかには、ジンチョウゲ説、ツリガネニンジン説、イカリソウ説など。いずれも早春に咲き、人々に親しまれている草木たちである。変わった説に、土屋文明のヤマゴボウ説がある。

**〈植物メモ〉**

**◎ミツマタ（ジンチョウゲ科）**

中国原産。慶長年間に日本に渡来し、山地に植栽される落葉低木。高さ一～二m。枝は三分枝に出る。強靭で手では折れない。若枝に伏毛がある。葉は長さ五～一五㎝で薄い。花は早春、新葉に先立って枝先に下向きに束状に集まって咲く。花弁はない。樹皮は優良な和紙の原料で、特に紙幣や地図に重要。和名「三又」は「枝が三又状に出る」から。

## (10) コウゾ(クワ科)

春過ぎて夏来るらし白妙《たへ》の　衣乾したり天の香具山　　持統天皇

【春も終わり夏がやって来たらしい。純白の衣を乾している。天の香具山よ】

和紙の原料であるコウゾの繊維は純白で、しかも強靭であるので、万葉時代には、コウゾの繊維で織った布である「たへ」は、さまざまな用途があった。また、神事に用いる「木綿(ゆふ)」もコウゾの純白な繊維で作った。『万葉集』には「タエ」「タク」「ユフ」という語で詠われた歌が一四〇首もあるが、和紙と思われるのは意外と少ないという。

**〈植物メモ〉**

◎**コウゾ(クワ科)**

本州、四国、九州、琉球列島および台湾、朝鮮半島、中国の暖帯に分布。山地に野生化するが、普通製紙の原料として植栽する落葉高木。葉は互生し長さ四~一二㎝、細毛がある。若葉には深い切れ込みがある。春に葉と同時に開花。雌雄同株、雄花は若枝の基部、雌花は上部葉腋につく。果実が球形に集まり、初夏に赤熟し甘く食べられる。

## (11) ツゲ（ツゲ科）

君なくば何《な》ぞ身よそはむくしげなる　黄楊の小櫛も取らむとも思わず　播磨の娘子

【あなたが居なくなれば、どうして身づくろいをいたしましょう。櫛箱のツゲの櫛も手にしようとは思いませぬ】

この歌は、播磨の国の長官（国司）・石河大夫の帰京の時に、播磨の遊女《うかれめ》が贈った歌である。遊女でもこのような素晴らしい歌が詠めることに感動する。

なお、ツゲは『万葉集』に六首あるが、五首までが女性の黒髪を梳く櫛としてのツゲである。ツゲの櫛が古くから日本の女性に愛用されていたことがよく分かる。長野県木曽地方の有名な「お六櫛」の原料は、ツゲではなく「ヨグソミネハリ」「ミズメ」「アズサ」（カバノキ科）である。

〈植物メモ〉

◎ツゲ（ツゲ科）

関東地方以西、四国・九州の暖帯の山地に生え、庭に植栽する常緑低木。高さ一～三ｍで、生長は遅い。葉は長さ一・五～二㎝で革質。花は春で、葉腋に束生し、一つの雌花を囲んで四～六個の雄花がつく。和名は「次」

が変化したものと言われている。材は黄白色で硬質、版木、櫛、印判に用いる。

## ⑿ ニレ（ブナ科）

あいひきの　この片山の　もむ楡《にれ》を　五百枝《いはえ》剥《は》ぎ垂《た》り天光《あまて》るや　日の気《け》に干し…
乞食者の詠（長歌）

【この片山の、皮を揉《も》んで粉を作るニレをたくさん剥ぎとり懸けて、空の太陽の光に干して…】

この歌では、ニレの皮を剥ぎとり、日に干して粉にし、食糧にした様が表現されている。粉末は蟹の塩辛に入れられたりして、調味料の役割を果たし、また薬用にもなったと言われている。「乞食者」とは、「人の門口に立って寿詞《はかいごと》・祝い言を唱えて食を乞う者」の意味である。

「ニレ」には「ハルニレ」と「アキニレ」がある。舟木一夫の「♪　ニ～レの木陰」はアキニレ。北海道大学やエール大学の校内にあるのはハルニレである。

## 〈植物メモ〉

**◎ハルニレ（ブナ科）**

日本各地、特に北部に多く、朝鮮半島、中国東北部・北部の温帯に分布。山地に生え、公園、街路樹などに植栽する落葉高木。葉は互生、長さ三～一二㎝、葉縁に二重鋸歯がある。花は春、葉より早く古枝に群がる。翼果は長さ一〇～一六㎜の膜質の倒卵形で、種子は翼上部にある。和名は「春に咲き、実がつく」から。建築器具材に用いる。類似種の「アキニレ」は「秋に花や実がつく」から。

# 第八章　意外な万葉植物四種

小さな時から農作業をし、雑草に悩まされてきた者として、「雑草はすべて帰化植物」というイメージがある。それらが「万葉植物」であることを知りビックリ。それらを〝意外な〟万葉植物として取り上げる。万葉植物と知れば、扱いも違ってくるかもしれない。

## (1) スベリヒユ（スベリヒユ科）

入間道《いりまぢ》の大家《おおや》が原のいはゐづら　引かばぬるぬるわにな絶えそね　作者不詳

【入間路の大家が原のイワイズラ（スベリヒユ）を引くとぬるぬると続くように、私との仲が切れてしまわないようにしてください】

歌に出てくる「入間道」は、現在の埼玉県入間郡の地。この歌は「東歌」と呼ばれる民謡の一種であり、恋の歌である。

我が家は養蚕を盛んにやっていた農家だったので、桑摘み（カイコのエサであるクワの葉を摘むこと）と広い桑畑の耕地が大変だった。年間何度もやらなければならないが、初夏の作業では、「スベリヒユ」の草取りが大変だったことを覚えている。ただし、スベリヒユは幹（軸）が太いので、抜き取るのは比較的簡単だった。

田畑に生えている草は、そのほとんどが雑草で、帰化植物だったので、長い間、スベリヒユもそうだと思っていた。万葉植物を研究するようになり、スベリヒユが万葉植物だと知り、驚いた。この歌の中に出てくる「いはゐづら《イワイズラ》」が万葉植物だと分かったのは、伯耆の国（現在の鳥取県西部）に残っていた方言が決め手となった。スベリヒユのことを「イワイズル」と呼んでいることが分かったのだ。方言名の多い草で、岡山や大阪の農村では「タコグサ」。太い茎の色やつやがユデダコに似ているからの命名だろう。

**〈植物メモ〉**

**◎スベリヒユ（スベリヒユ科）**

世界の温帯から熱帯に広く分布。田畑、道端、庭など、日なたならどこにでも生える一年草。全体に多肉で無毛。茎は分枝し、地面を這う。また斜上し、長さ五～三〇㎝。葉は長さ一～二・五㎝。花は夏、黄色い花をつけ、日光を受けて開く。和名は「ゆでて食べるとき粘滑である」から、また「葉が滑らか」だから。別名「イハイヅル」は「這い蔓」の意味。

## （2）イヌビエ（イネ科）

打つ田に稗《ひえ》はしあまたありといへど　擇《えら》えし我ぞ夜をひとりぬる　『柿本人麻呂歌集』

【耕した水田にヒエは数多くあるが、多い中から選び出された私は、夜一人淋しく寝るよ】

水田から抜き取られたヒエのように、作者は誰かに捨てられたのであろうか。確かに、イネの中からヒエを抜き取る作業は、〝役に立たないものを抜き取る行為〟で、正に〝捨てる〟作業である。作者の悲しさが伝わってくる。

水田の田の草取りで一番悩まされたのは、ヒエである。水田の中を歩くこと自体が子どもだった私には難儀だった。そして、まずイネとヒエを見分けるのが難しかった。祖父が教えてくれたのは葉舌の有無のことだった。イネにはあるが、ヒエには無かった。それに何より、抜き取るのに力が必要だった。ヒエの根に手を差しのべ、腰の力を使って一気に抜き取るのである。この歌から、万葉人もヒエ抜き作業をしていたことを知り、感動を覚えたのも事実である。

私の植物についての基礎は、農作業を通して学んだことがその大部分である。

三歳の時に、親からやるように言い付かった農作業は、稲刈りの時に「イナゴ」を取ることである。母の作った袋の中につかまえて入れたことを覚えている。

小さかった頃は嫌だった農作業も今では一番楽しいものになっている。農作業をして流す汗ほど気持ちのよいものはない。

〈植物メモ〉

◎イヌビエ（イネ科）

世界の熱帯から温帯に分布。日本各地の原野の廃地、路傍、溝辺などに生える一年草。束生し、高さ六〇～一〇〇㎝になる。葉は長さ二五㎝ほどで、幅四～一〇㎜、葉舌は無い。花は夏に咲き、小穂は一個の両性花と不稔花を持つ。和名の「犬稗」は「食用にならない」という意味。類似種に、小穂に長いノギを持つ「ケイヌビエ」がある。

（3）ヒルガオ（ヒルガオ科）

高円《たかまど》の野辺の容花《かおばな》面影に　見えつつ妹は忘れかねつも　大伴家持

【高円の野辺に咲いているヒルガオを見ていると、一緒に居た頃、夜は袖を交えて相寝ていたのに、今はかくも離れて住み、そのときのあなたの面影を忘れてしまいますよ】

「アサガオ」はちゃんと植木鉢で育てられるが、「ヒルガオ」は道端で、他物にからみついているだけ。人の注目を浴びることもないように思われ、ずっと、多分、帰化植物だろうと思っていた。『万葉集』の中にあることを知り、驚いたほどである。ただし、「カオバナ」には、「カキツバタ」「オモダカ」「ムクゲ」「アサガオ」等の説がある。高円山の麓を散策した人に聞くと、候補の中では「ヒルガオ」が最も多く咲き乱れていたというから、確かなのだろう。家持がどのような理由により、高円で〝やもめ住まい〟をしていたかは不明だが、歌の意味からも、「ヒルガオ」がもっともふさわしいだろう。

**〈植物メモ〉**

**◎ヒルガオ（ヒルガオ科）**

北海道から九州および朝鮮半島と中国に分布し、野原や道端に生えるつる性(右巻き)の多年草。つる植物で、花は夏。苞は長さ二〜二・五㎝で先が尖らない。花冠は径五〜六㎝。古名は「ハヤヒトグサ」。方言は「カミナリバナ」「ドクアサガオ」「ヒデリソウ」「チョコバナ」など。強壮剤になる。『万葉集』では、「かほばな」の名で歌われ、四首ある。

類似種の「コヒルガオ」は、花柄の上部が翼状になることで、「ヒルガオ」と見分けられる。

同じヒルガオ科だが、朝咲いて午後にはしぼむ「アサガオ」(『万葉集』に出てくる「アサガオ」は「キキョウ」と言われている)や、夕刻から花が咲き出す「ヨルガオ」もあるが、「ヒルガオ」は一日花であり、日中の暑い盛りにも花が開いている。花粉は、日中に活動するハナバチやチョウが媒介している。ただし、ハナバチは花粉をなめに訪れるが、柱頭にあまり触れないために、効率の良い花粉媒介者ではないと言われている。

## （4）シラン（ラン科）

ラン科は花が美しいためか、採掘され、絶滅危惧種になっているのもが多い。そんなことから、ラン科と言えば、園芸種が多い。美しいこともあり、花壇でよく見られるものに本種がある。花は紅紫色で華やか。当然、園芸種だと思ったこともあったが、実は万葉植物なのである。

次に紹介する文は、病気でふせっていた大伴家持から手紙をもらった大伴池主が、歌二首を添え、出した返事である。

忽《たちま》ち芳音《ほういん》を辱《かたじけな》みし…（略）…豈慮《あにはか》りけめや、蘭蕙聚《らんけいくさむら》を隔て、琴樽《きんそん》用ゐるところなく…（略）

【お手紙をかたじけなくも頂いて…この春の良い季節に思いもかけず病気になられて、宴席にも同席されず、いつも一緒であるべき蘭と蕙が草むらを隔てて一緒ではなく、別々なので、楽しい琴も、おいしい酒もお互いに交わすことができず…】

上司である家持を香りの高い「蘭」にし、芳香の劣る「蕙」と称し、自分のことにたとえている。「シラン」は、香りこそ劣るが、古くから民間薬や漢方薬として利用されている。球根は「白笈《びゃくきゅう》」と称され、止血や傷薬などに用いられた。

なお、万葉名「ラン」には、「シュンラン」「シナシュンラン」「フジバカマ」「シラン」などの説があるが、「ラン科」の総称だという説がある。また、三種ある歌のいずれも上記のように、題詞に登場し、歌そのものには見当たらない。蘭の一種である「蕙」を「シラン」とし、取り上げた。

**〈植物メモ〉**

**◎シラン（ラン科）**

本州、四国、九州、琉球列島、台湾および中国の暖帯に分布し、日の当たる湿った岩上や湿原に生え、ふつうに植栽される多年草。花は春から初夏。苞は開花直前に一枚ずつ落ちる。偽鱗茎は乾かして薬用とし、糊としても使われる。漢名「白芨」。

## コラム⑫　夏に強い野草たち

### （1）C4回路のメヒシバ（イネ科）

「メヒシバ」「エノコログサ」などイネ科の雑草たちが暑さに強いのは、一般の野草たちが「C3回路」というシステムで光合成を行っているのに対し、「C4回路」と呼ばれる高性能な光合成システムを持っているからである。

このC4回路は、車でいえば、強力なターボエンジンのようなシステムを持っている。ターボエンジンは、空気を圧縮し、大量の空気をエンジンに送り込んでパワーを上げるシステムである。車では、エンジンがガソリンを空気（酸素）で燃焼させて動力を生み出している。植物の光合成（炭酸同化作用）では代謝サイクルをフル回転し、光エネルギーを使って水と二酸化炭素を化学反応させてデンプン（糖分）を生産している。C4回路もターボエンジンに空気（酸素）を圧縮して、エンジンであるC3回路に送り込む役割をしている。そうすると、照りつける太陽の光が強ければ強いほど、光合成は益々加速していく。その上、C4回路は少ない二酸化炭素で光合成を維持することができる。そのため、気孔を開く時間も少なくて光合成ができ、水も節約することができる。暑さ（乾燥・高熱）に強いわけはここにある。

そして、草刈りしても、すぐに伸びてきてしまうので、抜き取ってしまわないとダメ。イネ科の植物の生長点は一番低い株元にあるから、切り取られても平気で、すぐに伸びてくる。

## (2) CAM回路のスベリヒユ（スベリヒユ科）

暑さが増してくる頃、畑で目立つのは万葉植物の「スベリヒユ」（スベリヒユ科）である。スベリヒユは園芸植物の「マツバボタン」の仲間である。本種は暑さに強い更なる特別なシステムを持っている。茎や葉が太く厚いのに加えて、乾燥に強い「CAM（カム）」と呼ばれる特別な光合成システムを持っている。車でいえば、いわゆるツインカムと言い、吸気用と排気用に分けて、二本のカムシャフトを装置した高性能エンジンである。

前記のC4回路の光合成システムは、気孔の開閉を最小限に抑えることができるとは言え、二酸化炭素を吸収するときに、貴重な水分が気孔から失われてしまうことは避けられない。

CAMの光合成システムでは、吸気用のシステムを排気用と分けることで、この問題を解決したのである。このシステムでは、気孔の開閉が一般の植物とまったく逆で、水分の蒸発が少ない夜間に気孔が開いて、二酸化炭素を取り込んでおく。そして、昼間は気孔を閉じて、貯えた二酸化炭素を材料に光合成を行うのである。スベリヒユやサボテンなど乾燥地帯に生育する植物たちは、この素晴らしい光合成システムを身につけていたのである。見事である。

# 第九章　庶民の万葉歌

『万葉集』の魅力は、都の宮廷歌人だけでなく、地方の人々の歌も収録していることである。「東歌」や「防人の歌」などである。

## （1）東歌

日本人の多くが『万葉集』に惹かれる理由の一つに、庶民の歌である「東歌」の存在があるだろう。〔巻十四〕は、遠江国以東の諸国の国風の歌を集めたものである。私たちとは別人の朝廷人ではなく、東国方言を用いた素朴で野趣豊かな歌があるが、これは新たに従えた反乱の絶えない諸国の神霊を、宮中で重く扱い、その服従のしるしに歌を献上させたものとされている。宮中人ではなく、私たちに近い人たちだから、親近感を持たせてくれるのだろう。

筑波嶺《つくばね》に雪かも振らる否然《いなを》かも　愛《かな》しき子らが布乾《にぬほ》さるかも　作者不詳

【筑波山に雪が降っているのか。それとも、可愛いあの子が布を晒しているのか】

「否然《いなを》かも」とは、「否かも、然《しか》かも」が融合した形であり、もちろん雪が降っているのではなく、布の曝してある様を、稚拙に表現したものとされている。この歌の類型は後世まで続き、「お万可愛や、布晒す」はこの類型を追ったものである。

鳰鳥《にほどり》の葛飾《かづしか》早稲お饗《にへ》すとも　その愛《かな》しさを外《と》に立てめやも　作者不詳

【葛飾出来の早稲を神に供ずる新嘗祭に、私は厳重に物忌みをして家の中に籠っているが、恋しい人がやって来たというのに、つれなく外に立たせておけようか、おけやしないのだ】

「新嘗祭」といえば、天皇が収穫した新しい穀物を天神に捧げる皇室行事で、毎年、テレビでも放映されている。古代の新嘗祭は民間行事だった。神の食物が饗《にえ》であり、神に饗を奉る間の禁欲行事が詠まれた歌もある。

麻苧《あさを》らを麻笥《おけ》にふすさに積《つ》まずとも　明日着《き》せさめやいざせを床に

【麻をそんなに桶たっぷりに紡がないでも、明日着られるというわけでもない、さあおいで、この寝床へ】

麻を紡ぐ夜なべ仕事をしている妻に、それを止めて、寝床に入って来なさいと夫が妻にストレートに催促している歌である。「著せず」は「着る」の敬語である。夫婦の夜の心理の動きを上手にたどっている歌である。民謡として愛誦されたのだろう。

## 〈植物メモ〉

**◎アサ（クワ科）**

南アジアや中央アジア原産と考えられており、日本へは古代に入り、畑に植栽されていた一年草。特有な臭いがある。茎は直立し、高さ一～三mで、やや四稜形。花は夏、雌雄異株。茎の繊維を麻糸にする。種子は油を採ったり食用とした。茎の上部に付く樹脂にはカンナビンが含まれ鎮静剤に用いられる。和名「青麻」は「アオソ」の略で、「ソ」は繊維のことである。漢名は「大麻」。

### （2）防人の歌

特に「防人の歌」からは、当時の人々の悲哀が伝わってくる。「防人」は「埼守《さきもり》」の意で、九州の辺境の地を守る兵士をいう。東国の兵士を（ほぼ無償で）召集し、難波津《なにわづ》に集めて大宰府に送った。三年交代で筑紫・壱岐・対馬等を守備させた。〔巻二十〕のものは、七五五年頃、大伴家持の選録によるものである。歌は、心持ちを東国方言に託し、読む者の胸中に切々と訴えるものが多い。家持は天平六年（七三四）四月、兵部少輔として難波に赴任し、諸国から徴集された防人の監督の任にあったのである。その折に、歌を集めたのであろう。防人の歌は、防人とその妻・父などの歌である。信濃からは三首選ばれている。

畏《かしこ》きや命《みこと》被《かが》り明日ゆりや　草が共寝む妹なしにして　物部秋持《あきもち》

【畏れ多い勅命をこうむって、明日からは、草と一緒に寝ることでしょう、ともに寝る妻はなしに】

上二句は、防人の歌の慣用句であり、歌を召された防人たちの、誰の口からも出たと言われている。「草が共寝む」とは、いかにも素朴であり、妻の代わりに草を抱いて寝るということなのだろう。次に挙げるのは、一番有名で誰でも知っている防人の歌であろう。

父母《ちちはは》が頭《かしら》かき撫《な》で幸《さ》くあれと　いひし言葉ぜ忘れかねつる　丈部《はせつかべの》稲麻呂

【父母が私の頭を撫で「無事で行っておいで」と言った言葉が忘れられない】

いつの世も、子を励ますのは両親である。辛い時、悲しい時には、頭を撫でながら送ってくれた両親を思い出し、頑張ったのだろう。極めつきは、次の歌だろう。

草枕旅行く夫なが丸寝れば　家なるわれは紐《ひも》解かず寝む

【旅を行くあなたが、ごろりと丸寝をなさったなら、家にいる私は下裳《したも》の紐《ひも》を解かないで寝るでしょう】

夫を防人に送る妻の歌である。「丸寝」は服装を解かずに寝ること。「紐解く」ことは、男が結んでくれた下裳《したも》の紐を解くことで、男に許すことである。「紐解《ひも》かず寝む」は、夫以外の人には心を許さず、操を守って寝るので、安心して行って来てくださいという気持ちである。

# 第十章　信濃と関わる万葉歌

筆者にとって信濃なる万葉歌の一番は、プロローグで紹介した

人皆の言は絶ゆとも埴科の　石井の手児が言な絶えそね

である。本章では、そのほかの代表的な歌を取り上げ、詳しく解説してみたい。

(1)　信濃なる須賀《すが》の荒野にほととぎす　鳴く声聞けば時過ぎにけり　作者不詳

【信濃の須我の荒れ野でほととぎすの鳴く声を聞くと、時節は過ぎてしまったのだなあ】

この歌に出てくる「須賀《すが》」については、県内各地にその候補地が数多くある。下伊那郡阿知川の南、あるいは上田市真田町菅平という説など。現在では、松本市西南部の今井、和田から、塩尻市の平出遺跡の辺りだという説が有力になっている。そこには、復元された奈良時代の竪穴式の住居がある。「荒野」は、荒れはてた原野。須賀に住んでいる人が自分たちの住む地を、「荒野」などと蔑んだ言い方はしないから、この歌の作者は都からやってきた人だろうと推定されている。

「時過ぎにけり」の「時」は、「農耕の時」「人に会う約束の時」「旅立つ時」など諸説あり、はっきりしていない。都では五月になると、きまってホトトギスが鳴く。季節の移り変わりを感じさせる風雅な時であった。ホトトギスは渡り鳥であり、都の大和と高冷地の信濃へ飛来するのとでは、半月ほどずれるという。作者は「ホトトギスの鳴く声を待ち、ようやく耳にした時、都で友達と耳を澄ませて夜遅くまでホトトギスの鳴き声を待った、懐かしい時期はもうとっくに過ぎ去ってしまったな」と詠じているのだろう。須賀の地は、文化的にも未開であり、地形も気候も何もかも厳しい辺鄙な所だなと感じたのだろう。

### (2) 信濃道は今の墾り道刈りばねに　足踏ましなむ履はけ我が背　作者不詳

【信濃路はできたばかりの道ですから、切り株で足をお痛めになるでしょう。靴をお履きになりなさい、あなた】

この歌も作者が、厳しく感じた信濃を詠っている。信濃路は、信濃の中の道。「信濃道は今の墾り道」と詠っているから、和銅六年（七一三）に開通したという木曽道が有力であろう。「今の墾り道」は、「切り開いたばかりの新道」のこと。奈良の都から各国府へと通じる幹線道路で、信濃へは、山城、近江、美濃を通る東山道が通じている（松本市保福寺峠ルート説もある）。

しかし、信濃は山また山の険しい地、道はすべて人手で造られた。したがって、所々「刈りばね」つまり「切り株」が残されていたのだろう。木かわらで作ったしっかりしたくつを履いて、切り株を足で踏んでケガをするようなことがないようにしてほしいと、何かの事情で別れる夫のことを心配しているのである。

(3) みこも刈る信濃の真弓《まゆみ》わが引かば　うま人さびて否といはむかも　久米の禅師

【私が君を誘惑したら、君は貴人ぶって、いやと拒むことでしょうよ】

信濃で詠われた歌ではないが、「信濃の真弓」と、「信濃」が入っているので取り上げる。詠われた場所は奈良県の富雄。この地は古代の弓にまつわる伝承の多い土地である。神武天皇が大和に入り反抗した長随彦《ながすねびこ》が、天皇の弓の先にとまった金色の鵄《とび》に目が眩み、ついに平伏したのが富雄であった。戦前(第二次世界大戦の頃)、「金鵄発祥の地」と讃えられ、村の名も駅も一時、「鵄邑《とびむら》」と改名されたことがある。「金鵄勲章」と言えば、特に手柄を立てた軍人に与えられる名誉の勲章であった。『万葉集』には「真弓」「あずさ弓」「はじ弓」などさまざま々な弓が登場する。この中の「あずさ弓」は、「アズサ」という木で作った弓であるが、アズサがどんな木かは不明。しかし信濃には、梓川がある。信濃に生育していた木なのだろう。漢字の「梓」を「アズサ」と読んでいるが、中国では「梓」が上等な材質で、文書を印刷する版木に用いられたので、書籍の出版のことを、現在でもこの字を使って「上梓《じょうし》」という。

この歌の「真弓」は、「マユミで作られた弓」である。マユミの木葉はしなやかで丈夫なので、弓材としては最高のものとされていた。弓や刀が不要になった平和な現代は、庭木として親しまれている。マユミが愛されるのは、若葉もさることながら、やはり紅葉とその実の美しさであろう。枝で熟れていた淡紅色の実が割れ、中から真っ赤に濡れた種子がのぞく。

マユミの歌は、『万葉集』には八首あるが、「弓は引く」ので、いずれも上記の歌のように相手を誘う「引く」という動詞の枕詞や序詞である。この歌は「久米の禅師が女性に言い寄った歌」である。

### (4) 信濃なる千曲《ちくま》の河の細石《さざれ》も　君し踏みてば玉と拾はむ　作者不詳

【信濃にある千曲川の小石でも、私の恋しい人が確実に踏まれた石だったら、宝石として拾いましょう】

「千曲」の読みが「チクマ」となっていることに注目しよう。『万葉集』ができた時代は、まだ片仮名も平仮名もなかった。そこで、漢字だけで書き表した。それを「万葉仮名」と言った。万葉仮名では、「千曲」は、最初「知具麻」と書かれおり、「具」はどうしても「グ」としか読めない。百年後に、片仮名や平仮名へと発展し、チグマ→チクマ→千曲に変わっていったものと思われる。

「細石」は、小さな石のこと。今、千曲川で小さな石が多く見られる場所は、小諸から長野市村山あたりの流域で、代表的なのが坂城、戸倉上山田の川原である。戸倉上山田の万葉植物園にその歌碑があるのもそのためであろう。何かの事情で別れなければならなくなった君（恋人）を想って作った歌である。女は、丸い川原の石を一つ手に持って、この石が恋人の確実に踏んだ小石であったならば、宝物として拾って、形見と思って大切にしようと詠ったのだろう。

〈植物メモ〉

◎マユミ・ヤマニシキギ（ニシキギ科）

日本各地およびサハリンや朝鮮半島南部に分布、山野にふつうに生える落葉低木・小高木。小枝は緑色であるが、ときどき黄褐色を帯びる。多くは縦に白いすじがある。葉は長さ四～一六㎝で無毛。雌雄異株。花は初夏、四数性で花径六～一〇㎜。前年の枝から長さ三～六㎝の集散花序を伸ばす。長野県内には、類似種の「ユモトマユミ」が多い。

## コラム⑬ 植物文化を生んだ千曲川

千曲川（信濃川）の延長は三六七㎞で日本一の長河である。千曲川は秩父山地の甲武信岳（二四七五ｍ）に源を発し、長野県東北部を北上し、信越国境で「信濃川」と名を変え、越後平野を縦断し、日本海に注いでいる。そのうち「千曲川」としての長さは二一四㎞である。

千曲川の流域には、川上の河谷・佐久盆地・上田盆地・坂城広谷・長野盆地・飯山盆地・市川谷などの七つの中小盆地がある。各々の盆地には異なった気候風土があり、多数の動植物を生育させ、また同時に多彩な暮らしと地域文化を花開かせている。

遠い昔のこと、ここに建御名方命《たけみなかたのみこと》や健雷命《たけみかづちのみこと》など日本の神々がおいでになった。そこへ海の彼方の唐から、お妃様と大勢の部下を引き連れて盤古神《ばんこしん》様がおいでになった。はじめの頃は日本の神と唐の神とは打ち解けた暮らしをしておられたが、そのうちに言い争うようになった。言い争いはだんだんと激しくなって、武器を持って戦うようになった。どちらも後には引けない。戦いは幾日も続いたが、ついに盤古神が敗れた。けれどその戦いで神々とその部下たちが大勢死傷し、その血は川となって流れた。小さな川も大きな川も隈なく血に染まって流れ下った。恐れおののいた村人はその川を血隈《ちくま》川と呼び、敗れた盤古神を、大深山《おおみやま》に社を作って祀った。時代が下っていつしか、「血隈川」を「千曲川」と書き記すようになった。

筆者にとって「父なる浅間・母なる千曲川」という実感がある。一時、故郷長野を離れ、東京で七年間住んでいたことがある。その生活の中で、故郷長野の良さを再認識したことを思い出す。苦難に出会った時、思い出すのが故郷であり、何度が帰ってきたことがある。そんな時、碓氷峠を越え、長野に入り、眺めたのが浅間山である。小学校三年の時、父に連れられ、登った山である。正に「父なる浅間」である。この山を見ると、故郷が近づいてきたことと感じ、ほっとしたものである。

汽車は小諸、そして母校のある上田、さらに戸倉上山田、そして目に入ってくるのが「母なる千曲川」である。春秋の農繁期が終わると、家族で出かけたのが、善光寺か、戸倉上山田温泉だったのである。その頃のことが思い出され、それに故郷倉科が近づいてきたことを感じ、目に涙が浮かんできたことを思い出す。

「信濃の国」とは、「信濃《こま》やかな人が住む国」である。「信濃やか」とは、簡単に言うと、「信仰心を持ち、心優しい思いやりのある人」だと信じている。それは、厳しくも美しい信濃の自然と、良い汗と涙を流す家族一緒の農作業から生まれるものである。父なる浅間と母なる千曲川は、美しくも厳しい自然の象徴だと思っている。人生には、辛いこともあれば、幸いなことある。二つが一緒にあって人生が成り立つ。辛いことがプラスされ、幸せになるのである。最近、私たちの生活が辛いことを避け、楽なほうへ、楽なほうへと流れているように思えてならない。人間の欲望を満足させるための経済活動が、自然と人間の心を破壊させ、人間として大事なことを忘れてきているのではないかと危惧しているがどうだろう。

また、千曲川は島崎藤村の「千曲川のスケッチ」「小諸なる古城のほとり」、頼山陽の「不識庵機山を撃つの図に題す（川中島合戦の漢詩）」などの文化を生んだ地でもある。

文化と言えばもう一つ、どうしてももう一つ追加したい。「唱歌・童謡のふるさと」を作った川であるということである。平成十五年（二〇〇三）年六月に発表されたNPO法人日本童謡の会による「私の好きな童謡」アンケートによると、上位一〇曲は、①赤とんぼ、②故郷（中野市（旧豊田村））／高野辰之・作詞）、③赤い靴、④ミカンの花咲く丘（長野市（旧松代町））／海沼実・作曲）⑤夕焼け小焼け（長野市／草川信・作曲）、⑥七つの子、⑦ぞうさん、⑧月の砂漠、⑨しゃぼんだま（中野市／中山晋平・作曲）、⑩里の秋（長野市（旧松代町））／海沼実・作曲）であった。

なんと五曲が長野県出身者による作詞または作曲である。信州で育った彼らの心情が生み出したものと信じている。小さい声で言うが、これらの作詞家・作曲家は、なんと千曲川沿線の市町村出身なのである。厳しくも美しい信州の自然が育ててくださったもの。信濃の国とは、「信濃やかな人の住んでいる国」である。その象徴の一つが千曲川なのである。

## コラム⑭　信州のチョウとその食草

植物と動物との関係を知っておくと、自然のしくみをより深く理解することができる。チョウの食草は特に興味を喚起される。『万葉集』にも「戯蝶は花を廻りて舞ひ……」とあり、意味は「遊び蝶は花をめぐって舞う」と、春の美しい風景を表現している。万葉人も美しいチョウの舞う姿には見せられていたのだろう。チョウなど動物たちとの関わりを見ていくと、草木へのより深い理解が得られることは確かである。

### (一) アサギマダラ (マダラチョウ科)

長野市山間部の大岡の聖高原旧スキー場ゲレンデなどを、「アサギマダラ」などのチョウの舞う草原として残したいとの願いを持っている人々が大勢いる。そこで、アサギマダラについての基礎を学んでおく必要がある。ゆるやかに高原を舞い、風に乗り、はるか上空を滑空する。確かにアサギマダラは不思議な雰囲気のあるチョウで、多くの人々を惹きつける。

南方系のマダラチョウ科としては唯一、長野県内各地で見られるが、現在は、一時的な発生はするものの土着(越冬)はしていないと思われている。県内では五、六月の個体は暖地から渡ってくる移動個体と推定されているが、個体数は多くない。八～十月には高原に舞う姿をよく目にするようになるが、これは県内に自生する「イケマ」「コイケマ」に産卵された卵が成長羽化したものもあると思われており、個体数も多い。秋期に産まれた卵は無精卵が多く、孵化しても寒さのために越冬できない。秋には高原に多数の集団が見られることがある。

この集団が春のものとは逆に暖地に渡っていくのであろう。大岡ではまず、五、六月に暖地より渡ってきた「アサギマダラ」が産卵し、孵化し、育っていくことを目指すべきだろう。成虫のチョウは「フジバカマ」などの花から吸蜜するが、食草はイケマ、コイケマなどのガガイモ科の植物である。したがって、フジバカマなどの吸蜜できる植物だけでなく、食草のイケマ、コイケマの生育地を作っていかなければならない。そのためにもまず、大岡でのアサギマダラの生育実態を観察する必要がある。

## (二) ゴマシジミ (シジミチョウ科)

アサギマダラほど有名ではないが、筆者が現在住んでいる長野市浅川地区で、絶滅危惧種であるゴマシジミを守り育ててくれているグループがある。守るためには、その生態をよく知る必要がある。その活動のなかで、なんとも不思議なチョウであることが少しずつ分かってきたのである。

高原に秋の気配が漂い始めると、どこからともなく「ゴマシジミ」が現れてくる。食草である「ワレモコウ」の咲く草原を見て回ると、ブドウ色の花穂にとまる本種に出会えることがある。そのシーンが近年めっきりすっかり少なくなってしまったのである。

その要因は、食草が減少したことや草原そのものが破壊されてきていること。そのため生息地が消失しているものと推定される。

その生態だが、幼虫は四齢までは、ワレモコウのつぼみを食べ、その後、「シワクシケアリ」または「ヤマアシナガアリ」の巣に運び込まれ、約一〇か月もの間を地下の巣中でアリの幼虫を食べながら成長するのである。成虫になったゴマシジミは、日中の高温期を避け活動しワレモコウなどを吸蜜する。卵は葉ではなく、花穂に産みつける。幼虫初期は花を食べる。その後にアリの巣に入り、翌年、巣内で羽化するのである。なんとも不思議なチョウである。

## (三) 主なチョウとその食草

あるチョウが舞っていたら、その近くにその食草が生育していることが分かる。逆に、あるチョウの食草があったら、そのチョウが生息する可能性があると言える。したがって主なチョウとその食草を知っておくと、植物の同定にも役立ち、便利である。植物と動物との関係を知っておくと、植物をより生態的に深く理解することができる。高山チョウを除き、比較的よく見られる平地並びに高原に生育するチョウを列記しておくので、ご活用いただければ幸いである。

〇高原チョウ

・カラスアゲハ（アゲハチョウ科）＝キハダ、コクサギ、サンショウなど（ミカン科）
・ミヤマカラスアゲハ（アゲハチョウ科）＝キハダ、稀にコクサギ、カラタチ（ミカン科）
・ヤマキチョウ（シロチョウ科）＝クロツバラ（クロウメモドキ科）
・ウラギンシジミ（シジミチョウ科）＝コバノトネリコ、トネリコなど（モクセイ科）
・ウスイロオナガシジミ（シジミチョウ科）＝ミズナラ、カシワなど（ブナ科）

・アイノミドリシジミ（シジミチョウ科）＝ミズナラ、コナラ、クヌギなど（ブナ科）
・フジミドリシジミ（シジミチョウ科）＝ブナ、イヌブナ（ブナ科）
・ハヤシミドリシジミ（シジミチョウ科）＝カシワなど（ブナ科）
・ウラジロミドリシジミ（シジミチョウ科）＝カシワなど（ブナ科）
・ジョウザンミドリシジミ（シジミチョウ科）＝ミズナラ、コナラなど（ブナ科）
・ウラグロシジミ（シジミチョウ科）＝マルバマンサク、マンサク（マンサク科）
・カラスシジミ（シジミチョウ科）＝ハルニレなど（ニレ科）
・ゴイシジミ（シジミチョウ科）＝クマザサなどイネ科につくアブラムシを食べる。

○里山チョウ

・ギフチョウ（アゲハチョウ科）＝コシノカンアオイ、ミヤマアオイ、ヒメカンアオイなど（ウマノスズクサ科）
・ヒメギフチョウ（アゲハチョウ科）＝ウスバサイシンなど（ウマノスズクサ科）
・キアゲハ（アゲハチョウ科）＝ニンジン、シシウドなど（セリ科）
・ウスバシロチョウ（アゲハチョウ科）＝ムラサキケマン、ヤマエンゴサクなど（ケシ科）
・オナガアゲハ（アゲハチョウ科）＝コクサギなど（ミカン科）
・ヒメシロチョウ（シロチョウ科）＝ツルフジバカマ（マメ科）
・スジボソヤマキチョウ（シロチョウ科）＝クロツバラ、クロウメモドキ（クロウメモドキ科）
・ツマキチョウ（シロチョウ科）＝イヌガラシ、タネツケバナ、ヤマハタザオなど（アブラナ科）

・オオルリシジミ（シジミチョウ科）＝クララ（マメ科）
・オオムラサキ（タテハチョウ科）＝エノキなど（ニレ科）
・ジャノメチョウ（ジャノメチョウ科）＝カモジグサ（イネ科）、テキリスゲ（カヤツリグサ科）
○河畔・郊外チョウ
・ジャコウアゲハ（アゲハチョウ科）＝ウマノスズクサなど（ウマノスズクサ科）
・クロアゲハ（アゲハチョウ科）＝カラタチ、サンショウなど（ミカン科）
・モンキチョウ（シロチョウ科）＝アカツメグサ、シロツメグサ、イワオウギなど（マメ科）
・スジグロシロチョウ（シロチョウ科）＝イヌガラシ、タネツケバナなど（アブラナ科）
・ツバメシジミ（シジミチョウ科）＝シロツメクサ、ウマゴヤシ、ハギ類など（マメ科）
・クロツバメシジミ（シジミチョウ科）＝ツメレンゲなど（ベンケイソウ科）
・ツマグロヒョウモン（タテハチョウ科）＝スミレ類（スミレ科）
・コムラサキ（タテハチョウ科）＝ウンリュウヤナギ、ネコヤナギなど（ヤナギ科）
○市街地チョウ
・アゲハチョウ（アゲハチョウ科）＝カラタチ、サンショウ、キハダなど（ミカン科）
・モンシロチョウ（シロチョウ科）＝キャベツ、ノザワナなど（アブラナ科）
・チャバネセセリ（セセリチョウ科）＝チガヤ、エノコログサなど（イネ科）

チョウに関わり、最後に訴えたいことがある。高原のチョウについて研究している人の話によると、スキー場が斜陽化し、どんどん消えていく現状が憂慮される。スキー人口が最盛期の六割になっているというから仕方のない面もある。課題は、閉鎖したスキー場の跡地をどうしたらよいかということである。そのまま放置すると、ススキなどの強勢する種のみの荒れ地になり、チョウの食草は絶えてしまい、チョウそのものも生育できなくなってしまう。どの高原でも「アサギマダラ」などの舞う草原としたいとの願いを持っている。そのためには、強勢する種を刈り、多様な野生種が生育できるように手を入れながら、適切な保護を加えていく必要があることを理解していただきたいのである。

コラム⑮ 庭園訪問

## わが園に梅の花散るひさかたの　天より雪の流れ来るかも

大伴旅人

舶来の珍しい梅を庭に植えるなどの庭園造りは、万葉の時代から始まっていたのだろう。長野市に近い小布施町では、個人所有の庭園などを「オープンガーデン」として観光客に公開する活動を行っている。花によって人と人との交流を深めようというテーマで、町民が一体となって「栗と花と文化のまちづくり」を展開しているのだ。花を大事にする町は、人も間違いなく大事にしている。

長野市内のMさん宅の庭園を見学させていただく機会があったので、まとめて紹介する。Mさん宅は、平均的庭園で、現在「里山」をテーマに素晴らしい庭園作りをされている。植えられた品種が数多く、すべてを理解することはできなかったが、特に印象に残ったものを紹介する。

・ツタ（ブドウ科）

日本各地および朝鮮半島と中国に分布し、山野の木や岩壁などに生え、紅葉が美しいので植栽もされるつる性の落葉低木。若枝の巻きひげは葉と対生し、先端から分枝し吸盤がつく。花は初夏。和名は「伝う」の意味で、「蔓をもって他物に伝わる」ことから。別名「アマズラ」は昔、幹から液をとり甘味料を作ったから。ほかに「ナツヅタ」の別名もある。「フユヅタ」（キヅタ）に対しての命名だろう。
・キヅタ・フユヅタ（ウコギ科）
本州から琉球列島まで、および朝鮮半島、台湾、中国など暖帯に分布し、山野に生え、庭にも植栽するつる性の常緑低木。茎から気根を出し、他の植物や岩上に高く這い上がる。葉は互生し厚く、光沢があり、若い木の葉は掌状になる。花は晩秋で果実は翌年に熟す。和名は「ブドウ科のツタに似て、より木質である」の意味。別名の「フユヅタ」は常緑であるから。
・セイヨウヅタ・イングリッシュアイビー（ウコギ科）
ヨーロッパ全域および北アメリカ、中近東地域に分布するつる性の常緑低木。低山帯から亜高山帯に自生。日本には観賞植物として渡来し、数多くの園芸品種「ヘデラ・カナリエンシス」「ヘデラ・ヘリクス」などがある。花期は秋、散房花序につき淡黄色に黄色の葯がある。翌年の夏に黒色の液果が実る。
・コロラドトウヒ（マツ科トウヒ属）
アメリカ南西部原産で、雌雄同株の常緑高木。名は原産地名から。別名は「ホプシー」「ブンゲンストウヒ」「アメリカハリモミ」など。
・コロラドビャクシン（ヒノキ科）
アメリカ南西部原産で、雌雄同株の常緑高木。園芸品種は「ブルーエンジェル」「ブルーヘブン」など多数あり。
・ネグンドカエデ（カエデ科）

北アメリカ原産の落葉高木。葉が美しい園芸種に「フラミンゴ」「オウラタム」などがある。別名は、葉が似ていることから「トネリコバノカエデ」。
・ルドベキア（キク科）
北アメリカ原産の耐寒性の多年草。花が咲き進むにつれ、中心部が盛り上がって松笠状になる。園芸品種も美しい。名はスウェーデンのウプラサ植物園の創設者ルドベックとその息子を称えてのもの。別名は「マツカサギク」「コーンフラワー」「アラゲハンゴンソウ」など。
・オリーブ（モクセイ科）
西アジア原産で、地中海地方で広く栽培される常緑の果樹。日本では瀬戸内海の小豆島などで栽培。初夏に開花（円錐花序）し、芳香がある。果実は塩漬けにして食用。また果肉からとるオリーブ油は食用油、薬用などで使用。
・エキナケア（キク科）
北アメリカ東部~中部原産の耐寒性多年草。花の中心で咲いている極小の筒状花が密集してできた頭状花序は針山のようで、花弁に見える舌状花の中心に置かれているよう。別名の「ムラサキバレンギク」は、舌状花が満開になると垂れ下がり、「纏《まとい》を飾る馬簾《バレン》のよう」だから。「エキナセア」とも言う。
・スモークツリー（ウルシ科）
南ヨーロッパ~中国原産。名は「花後の煙のような花姿」から。別名は「ケムリノキ」「ハグマノキ」など。

・コニカ（ツツジ科）
南アフリカ、ヨーロッパ。イベリア西部、タンジール原産。さまざまな品種が開発される。その一種に「コニカ」（冬〜春咲き）がある。
・ユーフオルビア（トウダイグサ科）
耐寒性低木または一年草。「ハツユキソウ」。
・ルリタマアザミ・エキノプス（キク科）
ヨーロッパ中部〜中央アジア原産。名の由来はギリシャ語の「ハリネズミに似る」の意味。
・サンビタリア（キク科）
耐寒性春まき一年草。別名は「ジャノメギク」。名の由来はイタリアの学者の名「サンビターソ」に因む。
・ロータス（マメ科）
北半球原産。オレンジ色の「マムラッツス」、赤色の「ペルティロッティー」などがある。名は「食べると忘れっぽくなる果実」「オウムの口」という意味から。
・フロックス、クサキョウチクトウ（ハナシノブ科）
北アメリカ原産。「炎」の意味。品種（花色は紫紅、白、複色、覆輪など）は多数あり。
・ヘメロカリス（ユリ科）
東アジア原産。「ヘメロ（一日）カリス（美しい）」で、「寿命の短い美しさ」という意味。別名も「デイリリー」（一日咲きのユリ）。花色は多数あり（黄、橙、赤、桃、白など）。

万葉時代の和風に、洋風の味を加えた素晴らしい庭園だと思った。万葉人が見たら、ビックリすることだろう。しかし今日でも、庭園の原点は、やはり万葉時代の庭園であることは間違いないだろう。ただし、最近の住宅建築を見ていると、敷地内にほとんど草木を植えない家が目立ってきている。地面は道路を含めてほとんどアスファルトで覆われてしまった感がある。やはり可能な限り、草木を植え、うるおいを与えてほしいものである。

コラム⑯　寺院の草木

# 奥山の樒《しきみ》が花の名のごとや　しくしく君に恋ひわたりなむ

【奥山のシキミの花のように、神や仏に誓っても君を慕い違うことはありませんよ】

大原今城

民俗学者の柳田國男が著した「先祖の話」と題する論文がある。その中に家の魂祭（玉祭り）に関する記述がある。柳田の生家・松岡家の周りの家々は仏教信者だったが、一軒だけ神道の家があったので、仏道との比較をしたものだ。それによると仏教信者の家では、七月十三日の迎え盆の日、シキミと線香の中に墓所から精霊を迎えるのに対し、神道の家では、サカキの枝を捧げ御洗米を供えて祖先の霊を家まで迎えたという。「神にサカキ」、「仏にシキミ」とはっきり分かれている。

本来、「サカキ」は「栄える木」という意味であるが、どの木かは不明だった。江戸時代の学者は木の香りの高い「シキミ」こそ、昔の「サカキ」だったと説いている。仏に関するものは〝抹香くさく〟、不吉なものまで漂う感じで、神に関するものは清浄な感じを伴う。シキミは仏に関する木だが、御霊の宿る清浄な木である。

『万葉集』にシキミの歌はこの一首のみ。「君に恋ひ」となるが相聞歌ではない。天平勝宝八年（七五六）年十一月二十三日、大伴池主に招かれ「シキミ」の歌を贈った大原は、その頃、兵部省の役人だった。翌年の天平宝字元年（七五七）、藤原仲麻呂の乱に連座している。「シキミの花の如く、しきりに君に恋い続けましょう」と君を慕い、違うことはないという意志表明は、宴席において何かの企て・密約があったのではないかという想像をかき立てる。

万葉の時代に仏教が伝来していたので、いわゆる「仏教植物」も当時、知られていたことになるだろう。取り上げた歌であるが、なぜか、寺院には「シキミ」が植えられている。千曲市の長谷寺を訪れ、仏教植物について学ぶ機会を得たので、紹介したい。

長谷寺の岡澤住職様には、仏教の話、仏教植物に関わる話（「長谷観音」「蛇杉」の話など）をユーモアを交え、分かりやすく話していただいた上、境内に植えられている仏教植物を見せていただいた。

・タラヨウ・バイヨウ（モチノキ科）

「はがきの木」として、郵便局前に植えられることが多いが、仏教でも「葉にお経を書く」ことでも重要な木だった。江戸時代の書写材料としての輸入名は「貝多羅葉」。住職様の言った「バイヨウ」は「貝葉」で、タラヨウは「多羅葉」である。

・クスノキ（クスノキ科）

長谷観音がクスノキから作られていることを今回初めて知った。名は「クスシキキ（奇木）」の意味。「ク」は「香り」を表す言葉に由来。また、クスノキ（薫木）の意味など、諸説あり。本州の関東以西の暖地に自生し、大木となる。この木から採った樟脳を蒸留精製したものが「カンフル」で、強心剤や防腐剤に使用された。観音様の材料になったのも樟脳などの成分があり、腐りにくい木質だったからか？

・シキミ（シキミ科）

お釈迦様の大好きな木と言われている。名は「悪しき実」で、有毒。故に、お墓などに植える。花は三〜四月（花弁は九枚）。実は九月。

・ラミウス（シソ科オドリコソウ属）

耐寒性常緑多年草。名の由来は、「唐草模様の草」の意味。北アメリカ、アジアの温帯域、ヨーロッパ原産。

・ヒツジグサ（スイレン科）

池や沼に生える多年草。日本各地、シベリア、中国、北インド、ヨーロッパの温帯〜熱帯原産。花は夏、径五㎝ほどの白い花が開き、夜閉じる。名は「未の刻（午後二時）に開くから」と言われるが、事実とは異なる。二〜三日、開閉を繰り返す。漢名は「睡蓮」。色のあるのもは「セイヨウスイレン」。日本に自生している「ヒツジグサ」と「セイヨウスイレン」との見分けはそれほど簡単ではない。長谷寺の池で生育していたものは「セイヨウスイレン」である。

なお、一昔前までは、ハスもスイレン科だったが、現在はハス科として独立している。仏教におけるハスやスイレンについてまとめておく。菩薩像や如来像などの仏像の台座を「蓮華座」と呼び、蓮の花がかたどられた彫刻が施されている。住職様の話の中にもあったが、ハスは泥の中から美しい花を咲かせることから、蓮は仏教では煩悩＝泥に染まらぬ清らかさの象徴とされ、特別な存在である。インドのヒンズー教においても神聖な花とされている。前述したように、新しい植物分類学の上では、ハス（ハス科）とスイレン（スイレン科）は別の科だが、仏教の上ではその違いがはっきりとされていない。東南アジアではスイレン（睡蓮）を仏花としてお供えする国がある。寺院の前にはたいてい池があり、お供えする色とりどりのスイレンが栽培されていることが多い。よく白いキク（菊）が供えられている日本とは異なり、白いスイレンが供えられることはない。用いられるのは、鮮やかなピンク、青、黄色といった原色に近い色のスイレンである。ちなみにスリランカやインドではハスが国花としているが、タイではスイレンを国花としている。

・ヤブカンゾウ（ユリ科）

川の堤防など、人里近くに生える多年草。根は膨れて塊根となる。葉は多数、ほとんど根元に集まって出て、ノカンゾウより幅が広く、二〇～三〇㎜。花序は七〇～一〇〇㎜、花は橙色で八重咲きとなり、下方は長さ二㎝ほどの筒となる。三倍体のため結実しない（ノカンゾウはする）。昔、中国より観賞用または食用？として移入されたものが野生化している。別名は「ワスレグサ」（忘憂草）。『万葉集』に歌がある。

わすれ草吾が紐に著く時となく　思ひわたれば生けりともなし　　作者不詳

この歌は、「悩みを忘れるというワスレグサを私は身につける。時なく恋い思うと全く生きた心地もしないことよ」という相聞歌である。『万葉集』にある歌四首のすべてが、この歌のように〝苦しみを忘れたいためにワスレナグサを身につける〟というものである。

ほかにビワの話もおもしろかった。アジサイもいろいろあり、とてもきれいだった。それに、境内からの眺望も素晴らしかった。あいにくの曇天の下だったが、心だけは晴れ晴れとさせていただいた。唯々、感謝。毎月十八日には一〇時から観音様の前で法話をされるとのことである。

千曲川ともう一つ、長野県の象徴はやはり善光寺であろう。善光寺は伊勢神宮に次いで、参詣者の多い寺である。長野市は日本でも代表的な仏都と言える。

## コラム⑰　仏教植物

仏教には、お釈迦様に関係する三つの草木がある。

### （一）誕生の花　ハス

勝間田の池は吾知る蓮《はちす》無し　然《しか》言ふ君が鬚無き如し　新田部親王婦人

【勝間田のハスをほめて私に気があるように言われますが、池にはハスなんかございません。私は知っていますよ。あなたにヒゲが無いのと同じように】

新田部親王がある日、勝間田の池を散策した。帰宅して婦人に、池の美しさ、ハスの花の見事さを語った。「ハス」に恋の意味を含めて、婦人への愛情をほのめかしたのだろう。親王の心を祭し、すぐにこの歌を作り、献上したのである。心を見透かした婦人の厳しい反歌である。親王は天武天皇の第七皇子で、清明心を持ち、長く朝廷に仕えた人だったと伝えられている。そうすると、この歌も心を込めて詠ったのかもしれない。素直に受け止めてもらえず、残念だったのかもしれない。

## (二) 悟りを開いた樹木　菩提樹

お釈迦様がこの木の下で四十九日間、座禅をし、悟りを開いた木として有名。ただし、これは「インドボダイジュ」（クワ科）で、中国や日本の寺院で見られる「ボダイジュ」とは異なる。中国から伝わってきた「ボダイジュ」、それに近い日本の「オオバボダイジュ」、それに、シューベルトの作曲した歌曲「泉に沿いて茂る菩提樹」に出てくるボダイジュは、「セイヨウボダイジュ」である。「インドボダイジュ」以外はすべてシナノキ科である。インドボダイジュは熱帯性植物で、日本では育たないと言われていたが、温暖化の影響か、長野市内でも育っているとの情報もある。私は数年前、台湾・台南の熱帯地帯でインドボダイジュに出会い、感動したばかりである。いずれにしても、ボダイジュは万葉植物に出てこない。

## (三) 亡くなるときの樹木　沙羅双樹（シャラノキ・ナツツバキ）

『平家物語』の冒頭に、「…沙羅双樹の花の色　盛者必衰の理をあらわす…」とあるが、沙羅双樹は「二本のシャラノキ」である。お釈迦様がその木の下で亡くなられたと言われている木である。もちろん本物のシャラノキと日本でシャラノキといわれているものは異なっているだろう。仏教はすでに伝わっていたが、残念ながら『万葉集』には出てこない。

## 〈植物メモ〉

◎**ハス（スイレン科）**

中国、インドの原産。非常に古い時代に中国から渡来し、暖帯から熱帯各地の池や沼に生え、また水田に植栽される多年生の水草。地下茎は水底の泥中を這い、晩秋に末端部が肥大して、蓮根（レンコン）になり、食用となる。葉は柄を伸ばし、水上に出て、径三〇〜五〇㎝。花は夏咲く。和名は古名「ハチス」の略で、「果実の入った花托が蜂の巣に似ている」から。漢名は「蓮」。種子は食べられる。

ハス

## コラム⑱ 特定外来植物

もともと日本にはいなかった外来生物のうち、生態系などに被害を及ぼすものを「特定外来生物」として指定し、外来生物法で、飼育・栽培・保管・運搬・販売・譲渡・輸入などを原則的に禁止し、生態系および人の生命・身体、農業水産業への被害を防止しようとしている。外来植物が繁茂した荒れ地を万葉人が見たらどう思うだろう。万葉植物から、今日の実態を見直し、どうしたらよいかを考えておきたいものである。

**(一) 外来生物が引き起こす三つの悪影響**

(1) 日本固有の生態系への影響
在来生物を食べる／在来生物の生育環境を奪ってしまったり、エサの奪い合いをする
(2) 人の生命・身体への影響
毒をもっている／人をかんだり刺したりする
(3) 農業・水産業への影響
農林水産物を食べる／畑を踏み荒らす

**(二) 外来生物被害予防三原則**

・入れない (悪影響を及ぼすかもしれない外来生物をむやみに日本に入れない

・捨てない（飼っている外来生物を野外に捨てない）
・拡げない（野外に）すでにいる外来生物は他地域に拡げない

## （三）植物に関する特定外来生物

オオキインケイギク、ミズヒマワリ、オオハンゴンソウ、ナルトサワギク、オオカワジシャ、ナガエツルノゲイトウ、ブラジルチドメグサ、アレチウリ、オオフサモ、スパルティナ、アングリカ、ボタンウキグサ、アゾラ・クリッスタータ　以上一三種

## コラム⑲　絶滅危惧種

万葉植物とは、当時の都があった飛鳥・奈良周辺にふつうに生育していた種を中心とした一六〇種ほどの草木のことである。数多く生育していたので、歌を詠んだ人々の目にとまったのであろう。そんな草木だったが、今日ではほとんど見られなくなってしまったものもある。それらは「絶滅危惧種」に指定されている。

すでに、額田王の歌への返歌の大海人王子の「紫草のにほへる妹を憎くあらば　人妻ゆゑにわれ恋ひやめも」に出てくる「ムラサキ」も絶滅危惧種に指定されている。

ここでは、気になっているいくつかの種を紹介する。まずは『万葉集』では、「ネッコグサ」の名で出て来る種である。

芝付の御宇良崎《みうらさき》なるねっこ草　あひ見ずあらば吾恋ひめやも　作者不詳

【芝付の御宇良崎に群生するねっこぐさが根付くように、あなたのそばに寄り添うことがなかったら、こんなに恋しくはないものを】

植物名が分からなくとも、「あひ見ずあらば吾恋ひめやも」から、恋する切なさは、現代に生きる私たちにもよく分かる。「ねっこくさ」からは、「寝っ娘」「寝付く」が連想されるが、二人は身も許し合った仲だったのだろう。

この「ねっこぐさ」は、現在では「オキナグサ」（オキナグサ科）とする説が有力である。色恋にからめ詠われた植物が「オキナ（翁）」とは、妙な巡り合わせである。

オキナグサの名の由来はすぐに分かる。秋に熟す実が長くて白い毛が密生する様子を「白髪の老人」に見立てたのであろう。同じ野草について、万葉人と後に名付けた人とでは見方に違いがあるのは実におもしろいではないか。

ねっこぐさ（おきなぐさ）は、『万葉集』にはこの一首しかない。〔巻十四〕の東歌に出てくる歌だから、飛鳥・奈良の都の近くではない。現在の神奈川県三浦半島らしいと言われている。大和の山野にも自生していたと言われている。

私が植物を詳しく調べ始めた頃は、北信濃の数か所で、本種を確認することができたが、最近は一か所に減ってしまい、その一か所でも確認できるのが数株に減ってしまった。

いずれにしても、オキナグサはその数が激減し、〝幻の山野草〟と言われるようになってしまったのは残念である。万葉人が心の様を植物にそっと託して表現した植物と、自然に寄り添う生き方そのものを大切に継承していきたい。

さて、日本には約五三〇〇種の維管束植物が自生していると言われている。『植物レッドデータブック』（絶滅危惧生物のリストを掲載した本）には、このうち一七％（約六分の一）にあたる八九五種がリストアップされている。これらの種は、「絶滅」「絶滅寸前」「危険」「現状不明」の四つのランクに区分されており、それぞれ、三五種、一四六種、六七八種、三六種が含まれている。絶滅したと思われている三五種を除く八六〇種が絶滅危惧植物に該当しているとしている

（一九八九年）。

問題は、なぜ絶滅危惧種が増えてしまったのかである。データブックに記載されている八九五種のうち、二五四種は乱獲のために、また三八七種は生育地の開発のために減少してしまったとされている。この二つの要因が、日本の野生植物を絶滅の危機に陥れている最も大きなものと思われる。いずれも原因は人間である。

花が美しく、山草として栽培されることが多い『レットデータブック』に記載されている一四三種のうち、約七割に当たる一〇一種が乱獲による絶滅が危惧される状態に至っている。

私見を言わせてもらうなら、①絶滅危惧種の販売を法律で禁止すること、②「特別な種だけを保護する」のではなく、「絶滅危惧種が生育できるような生育環境全体を保護する」こと、この二つを特に強く訴えたいと思っている。

なお最近、『レットデータブック』が改訂された。絶滅植物がさらに増加してきているのである。憂慮すべき事態であることは言うまでもない。万葉人が知ったら、何と思うだろうか。もっと自然を大事にしてほしいとの声が聞こえてこないだろうか。

貴重な種がどんどん絶滅しつつある中でも、特に心配されるのは「水生植物（水草）」である。系統的にまとまったグループではなく、多様な植物群から水環境に進出したものたちの、いわば〝寄せ集め〟だからである。その水環境の破壊が始まっている。

一般に「水草」とは、淡水や海水の水中や水辺に生育する維管束植物のことを指し、世界におよそ三〇科一〇〇〇種ほどが知られている。「アシ」「スイレン」「キンギョモ」「ホテイアオイ」などである。類縁関係が遠いにもかかわらず、形や生態が似ていることがよく知られている。これらは水環境の中で生活するための適応進化の結果だと思われる。このような水草の特徴的な性質をまとめると次のようになる。

① 水中で光合成を行うために葉面から水中の二酸化炭素をイオンとして取り組む。

② 水底に固着するため横走する根茎（「アシ」「セキショウモ」「アマモ」など）や不定根（「コカナダモ」「クロモ」など）が発達している。また、水面に浮くための浮きを持つものもある（「トチカガミ」「ホテイアオイ」など）。

③ 環境の変化に対応するため水中、水面、水上で形や働きの異なる葉（異形葉）をつける（「コウホネ」「フサモ」など）。また、通常の葉は空中に出てしまうと乾燥して枯れてしまうが、池の水が干上がるような状況では肉厚の葉（陸生葉）を作って乾燥に耐えるものもある（「ササバモ」「ヒルムシロ」「アサザ」など）。

④ 茎葉の一部が「切れ藻」となって移動したり（「クロモ」「コカナダモ」など）、新芽から分裂して新しい個体となったり（「ウキグサ」）、根茎や芽が特殊化して水底で越冬する（「マツモ」「タヌキモ」「エビモ」など）など高い栄養繁殖力を持つ。

⑤ 水中に花粉を放出し受粉したり（水中媒花：「ウミヒルモ」「イバラモ」など）、花粉が雄花に乗って水面を移動し雌花に漂着して受粉する（水面媒花：「ウミショウブ」「セキショウモ」など）等々の特殊な送紛機構を持つものがある。

〈水草の分類〉

①　抽水植物：根は水底だが、植物体の一部は大気中に出ている（「ヨシ」「ガマ」など）

②　浮葉植物：葉や花は水面に広がっているが、根や茎は水中にある。葉の表面にある気孔でガス交換をしている（「スイレン」「ヒツジグサ」「アサザ」「ヒシ」など）

③　浮遊植物：根が水底につかずに浮遊している（「ホテイアオイ」「ウキグサ」など）

〈水環境への適応：「セキショウモ」〉

①　水面を利用して受粉を行う（水面媒花）

②　強い流れでもしなやかな葉で対応

③　茎の先に殖芽を作って冬を越す

④　空気がないので二酸化炭素はイオンの形で葉の表面から取り組む。

⑤　水に流されないようにしっかりと根茎を張る

等々

これら水草の特徴を見るとき、生きるために実に素晴らしい生態や形態をしていることに驚かされる。神様が創造されたとしか考えられない。それにしても、植物の生きる力は凄い。私たち人間は、彼らの葉一枚がする働き（光合成）もすることができない。

では、絶滅危惧種に指定されている万葉植物をみてみよう。

（一）アサザ（ミツガシワ科）

……みなの腸《わた》か黒き髪に　ま木綿《ふゆ》もち　あさざ結ひ垂れ　大和の黄楊《つげ》の小櫛《おぐし》を押え刺す　うらぐはし児《こ》　それぞ我が妻　作者不詳

【……黒髪に、木綿の緒であさざを結いつけて垂らし、大和のつげの櫛を押さえに刺している本当に美しい娘、それが私の妻ですよ】

『万葉集』に「アサザ」が登場するのは、この長歌一つのみ。父親の問いかけに息子が答える形で、アサザの花で髪を飾る美しい妻を描写している長歌の一節である。

最近少なくなり、絶滅危惧種になっている。長野市松代の金井池に生育しているが、大切にしていきたい。万葉植物であることも知らせ、一層大切に保護していきたい。

約一六〇種と少ない万葉植物が絶滅していくとは、残念であるが現実である。直視したい。

（二）ヒシ（ヒシ科）

君がため浮沼《うきぬ》の池の菱摘むと　我が染めし袖濡れにけるかも　柿本人麻呂

【あなたのために浮沼のヒシの実を摘もうとして、染めた袖が濡れてしまいました】

この歌には「水に濡れて袖の染めた色が落ちてしまうかもしれないが、それをいとわずにヒシを摘んだのですよ」との愛情が込められている。

ヒシは池に生える一年草。泥の中にある前年の実から茎を伸ばす。水面に浮かぶ葉は表面に光沢があり、上半分に鋸歯のある菱形三角形。葉柄の中央部分が空気を含み、浮き袋の役目を果たしている。葉の間に径約一cmの白い四弁の花をつける。果実は両端に二本の鋭いトゲのある核果で、昔から食用にされた。

## (三) フトイ(カヤツリグサ科)

北海道から九州の池沼中に群生する多年草。茎は高さ一・五〜二mほど。花は夏から秋。不揃いの散形花序は多数の小穂をつけ、長さ四〜七cmほど、基部に一個の苞があり、長さ一〜四cmほど。果実は五〜六本の刺針状花被片を伴い、平凸レンズ状。和名は「茎が太い」から。母種は北ヨーロッパからシベリアの寒帯から暖帯に分布、花柱は三裂する。

## 〈植物メモ〉

**◎オキナグサ（キンポウゲ科）**

本州、四国、九州および朝鮮半島、中国の温帯から暖帯に分布。日当たりのよい山野に生える多年草。全体に長い白毛を密生。花時高さ一〇㎝ほど、花後三〇㎝。根生葉は束生、長柄がある。花は春、萼片六枚は長さ二㎝ほど。

**◎ヒシ（ヒシ科）**

北海道、本州、四国、九州および台湾、朝鮮半島、中国の温帯から亜熱帯に分布し、池や沼に生える一年草。葉は径六㎝ほどで表面には光沢があり。裏面の脈上に毛がある。花は夏から秋、核果の棘は二本。ヒシ類の実は食べられる。「菱形」は「ヒシの葉あるいは果実」に由来するという。水生植物の絶滅が心配されているが、本種は、諏訪では増え過ぎて困っているという。

**◎アサザ（ミツガシワ科）**

北半球の温帯から亜熱帯に広く分布し、本州、四国、九州の池や沼などに生える多年生の水草。地下茎は水底の泥中を横に這い、茎は長い。葉は径一〇㎝位で、厚く表面は緑色、裏面は褐紫色を帯び、基部にふくらんだ長い柄があって水面に浮かぶ。花は初夏から夏で、葉腋に数本の花茎を水面に出して開く。花冠は黄色で星形に五裂する。

## コラム⑳ 仲秋の名月

「仲秋の名月」と言えば、西行、道元、良寛の歌を思い出す。しかし、『万葉集』にも名月を詠った歌が数多くある。筆者の好きな一首を紹介する。

**わが背子が挿頭《かざし》の萩に置く露を　さやかに見よと月は照るらし　作者不詳**

**【私の好きな人が頭にかざしてくれた萩の花についた白露が、月明かりで光って見えることよ】**

愛し合う二人が、萩の花の咲く道を散歩しているのであろう。この夜は煌々とした満月の夜であった。どうしてこんなに明るいのかとさえ思われるほどであった。そこで女性は、「きっとこの月光は、あの方が私の髪に挿した萩の花についた白露をきらきら輝かせるために、こんなに照り渡らせたのよ」と思ったのだろう。男性のほうも、白露をこぼさないように、萩の枝をそうっと手折ったのだろう。月光に輝く天平のカップルが目に浮かんでこないだろうか。羨ましい。

万葉人の心を引き継いだ、代表的な日本人の心の原点を詠っている三人の歌は、次のとおりである。どれも花を詠み込んでいる。

・西行

やみはれてこころのそらにすむ月は　にしの山べやちかくなるらん

山の端に隠る、月をながむれば　われと心の西に入るかな

【月を見て、西方浄土を思う】

願わくは花の下にて春死なむ　その如月の望月のころ

・道元

「本来の面目を詠ず」（悟った真実の姿を詠う）

春は花夏ほととぎす秋は月　冬雪さえてすずしかりけり

・良寛

形見とて何か残さん春は花　夏ほととぎす秋はもみじ葉

散る桜残る桜も散る桜

【裏を見せ表を見せて散る桜】

## コラム㉑ ヒートアイランド現象

万葉時代にはもちろんなかった言葉、「ヒートアイランド（熱の島）」は、都市周辺で等温線を引くと、あたかも等温線が島のように見えることから名付けられたもの。私たちは、ヒートアイランド現象というと、真夏の都市部の気温が周辺部に比べ、夜遅くまで下がらない現象だと思っている。実は、これは誤りで、ヒートアイランド現象は、条件さえ合えば、小さな町でも見られ、また夏より冬のほうが明瞭に起こる現象なのである。

現象の実態をまとめると、

・都市と郊外の気温差（ヒートアイランド強度）は、人口の増加に応じて大きくなる。
・ヒートアイランドの広がりは、都市の大きさと同程度である。
・日中のヒートアイランドの厚さは、理論的には、混合層の高さと同じ一㎞程度となる。夜間のヒートアイランドの厚さはおおよそ一〇〇m程度である。その上では、都市よりも郊外のほうが高温となるクロスオーバー現象が見られる。
・風の弱い晴れた日に明瞭に見られる。
・日中よりも夜間に明瞭となる。
・夏よりも冬のほうが明瞭となる。

それでは、ヒートアイランド現象の成因は何かと言えば、人間活動、緑地の減少、大きな建造物の存在など、さまざまな都市効果の重ね合わせであると考えられている。

都市では、人間活動によってさまざまな熱が大気中に排出される（工場や建造物からの排熱や、自動車からの排気ガスなど）。この熱を「人工排熱」という。人工排熱が発生すると、大気に輸送される熱量がその分だけ増加する。都市では人間活動が盛んなため、郊外に比べて多くなる。人工排熱は、昼夜を問わず発生しているので、日中と夜間のヒートアイランドのいずれに対してもその形成要因となっている。

都市化が進むと、緑地が減少する。日中、土壌からの蒸発や植物の蒸散に使われる熱量（気化熱）が減少し、大気に輸送される熱量や地中に伝わる熱量が増加する。大気に輸送される熱量が多いほど地面付近の気温はより高くなるので、緑地の減少は日中のヒートアイランドの形成要因の一つになっている。

アスファルト化された道路やコンクリートでできた建造物が増えると、日中、都市に蓄えられる熱量が増加する。日中に蓄えられた熱は、日没後の気温低下を抑制する。この蓄熱効果が、夜間のヒートアイランドの形成要因の一つになっている。建造物の増加は、これ以外にも、放射環境の変化をもたらしている。建造物があると、日射が道路で反射され、建造物の壁面で反射されるという多重反射が起こる。それが熱量を増加させている。

さらに、街の植物について観察してみても、やはり草木が植わっている緑地が少ないこと、街路樹の弱体化（「カツラ」など枯れたものが多い）、園芸種を除くと帰化種が多いこと（「ゴウシュウアリタソウ」「ハキダメギク」）。こうしたことからも市街地は、人が健康に暮らせる場所ではないと痛感する。それでも、ちょっと古い住宅地などに入ると「ツユクサ」「ハンゲショウ」「ヒヨドリジョウゴ」「タカサゴソウ」「キカラスウリ」などが見られ、ちょっぴり嬉しい気持ちにもなった。

## コラム㉒　紅葉・黄葉のしくみ

万葉人も紅葉を楽しんでいた。天智天皇の「春山の万花の艶と秋山の千葉の彩、いずれがよいか」の問いに、額田王はこう答えている。

……秋山の　この葉を見ては　黄葉《もみち》をば　取りてそしのふ　青きをば
置きてそ歎《なげ》く　そこし恨めし　秋山われは

有名な春秋争いの長歌である。

額田王は、春の長所をあれこれと挙げた上で、「秋の山の木の葉を見ては、色づいた葉を手に取って美しさを愛《め》で、青い葉はそのままにし、黄葉を心持ちにしてため息をつき、そこに恨めしさを覚える。そんな一喜一憂をもって、私は秋をよしとします」と判じ、秋に軍配を上げた。

まずは、『万葉集』の歌をいくつか取り上げる。

①　わが屋戸に黄変《もみ》つ鶏冠木《かへるで》見るごとに　妹を懸けつつ恋ひぬ日は無し
田村大嬢《おをとめ》

【わが家の庭の黄葉したカエデを見ていると、妹を恋しく思い、この美しいカエデを見せてやりたいです】

『万葉集』の歌では、「黄葉」と書くことが多いが、必ずしも黄色の葉を示しているのではない。黄も赤も紅も、明るい色なのである。また、『万葉集』では「かへるで」としては二首しかないが、「モミジ」は多く、これらが「かへるで」を指す場合も多いと考えられる。次の歌の「モミジ」は「かえるで」（「イロハモミジ」）であろう。紅葉・黄葉のしくみについては、後で、詳しく説明する。

② 筑波嶺のもみじ葉落ち積もり　知るも知らぬも並べて愛しも

東歌（常陸歌）

【筑波山の峰に落ち積もる紅葉（もみじ）もどれもこれも愛しい。同じように、この筑波山に集まっている男女は、知るも知らぬも、みな愛しい】

秋の収穫後のお祭りのために人々は山に集まった。未知の男女もこのときだけは自由に愛し合うことが許されていた。この古代の風習から生まれた歌である。筑波山の集まりは特に有名で、男女は互いに歌を詠み交わしたという。無数に落ち積もる葉と、山に集まった数多くの男女を讃美している。このように古来、紅葉は美しい秋の眺めとして愛されてきたのである。

しかし、寒くなる秋は、植物たちにとっては極めて厳しい環境となる。植物たちの中には、常緑のものもあるが、紅葉（または黄葉）するものもある。どうして紅葉（または黄葉）するのだろう？

植物は、葉から水分が蒸発すること（蒸散作用）により気化熱を奪われるので、周囲の気温が下がってしまう。そこで、気温が下がることを防ぐために、葉の付け根に「離層」というものを作り、水分や養分の移動を止める。

すると、光合成によって葉で作られた糖分が葉に貯まって、アントシアン類（クリサンテミン）などの赤い色素に変わり、葉が赤くなる。これが紅葉である。紅葉するものにはカエデ科、ツツジ科、ウルシ科、ニシキギ科などがある。

また、気温の低下によって、クロロフィル（葉緑素）が次第に分解し、カロテンなどの黄色の色素が目立って葉が黄葉する（「イチョウ」「ダンコウバイ」など）。「ヌルデ」のように、紅葉と黄葉が同時に起こることが多いが、葉にできるアントシアン類とカロテン類の割合でその色合いが決まってくる。黄葉しかしないものは、アントシアン類ができないものなのである。

また「クヌギ」や「ブナ」「ケヤキ」などは、褐色に変わるが、これは赤褐色のフロバフェンという物質が作られるからである。

これらの紅葉化、黄葉化、褐葉化の現象をまとめて、広く「紅葉」ということもある。一方、常緑樹（照葉樹）は厚い葉で葉の表面が光っているが、これは葉から水分が蒸発しにくくするための仕組みなのである。

なお、きれいな紅葉ができるための条件は、

① 気温が低温になること（最低気温が八℃になると紅葉すると言われている。なお、地球温暖化の影響で、この五〇年間で紅葉日が一五日以上遅くなっている）

② 日中、葉が太陽の光を十分に受けること

③　昼夜の気温差が大きいこと
以上の三つであると言われている。

紅葉の仕組みは分かったと思うが、紅葉の効用はあるのだろうか？　葉が紅葉するのは秋だけでなく、早春にも赤みを帯びた葉を見かける。「カナメモチ」の新芽も赤く色付いている。新芽の細胞にできるアントシアン類は有害な紫外線をカットして内部を保護するとともに、葉の温度を上げて、生長を促進するのである。つまり、寒さ対策だったのである。それが証拠に、気温が上がってくると緑色の葉に変わってくる。

また、こんな説もある。「ニシキギ」や「ハナミズキ」の葉も見事な紅葉を見せる。実も美しい赤である。紅葉した木々はヒヨドリやムクドリなどの野鳥を集めている。紅葉も野鳥たちを惹き付けるためのシグナルだという説である。一理あるような気がする。

いずれにしても、植物たちは生きるために、さまざまな知恵を働かせているのである。それらのことを頭において、秋になったら、植物たちから多様な生き方をじっくりと学び直してみたいものである。

○「カエデ」と「モミジ」との違いは？
「カエデ」と「モミジ」に植物学的な違いはない。カエデ科とモミジ科という二つの科があるわけではない（カエデ科のみであるが、新しい分類ではカエデ科もなくなる）。カエデは葉の形が「カエルの手に似るから」であり、モミジは赤や黄などの色を「もみだす」ことから（ただし、上代には「モミチ」と清音で「黄葉」を指し、平安以後に「紅葉」となる）。
『万葉集』には、紅葉現象を詠った歌が多くあるが、「もみじ」という語の表示は、「黄葉」「黄変」「黄反」「黄色」「黄」などの「黄の字」の入った文字が用いられ、「紅葉」「赤葉」「赤」「紅」などの「赤」や「紅」の文字を使ったものは大変少ない。このことから、万葉人たちが「もみじ」として眺めていたのは、主に大和の「コナラ」や「クヌギ」などの黄褐色で、これに紅色の「イロハモミジ」を加えたものであったようである。
それらの例として、持統天皇（六四五〜七〇二）が吉野の宮に行幸したとき、柿本人麻呂が詠んだ『万葉集』の長歌の一部に

春べは花かざし持ち　秋立てば黄葉《もみじ》かざけり……

という表現がある。大和の山中の「もみじ」を観賞するとともに、その一枝を頭に挿している。挿頭《かざし》というのは、服装を飾るとともに、植物の生命力を身につけようとする感染呪術でもあった。「ウメ」「ハギ」「サクラ」「ヤナギ」「ヤドリギ」なども挿頭に使われている。

紅葉（高野辰之／作詞・岡野貞一／作曲）

一、秋の夕日に　照る山紅葉
濃いも薄いも　数ある中に

松をいろどる　楓（かえで）や蔦（つた）は
山のふもとの　裾模様（すよもよう）
二、渓（たに）の流れに　散り浮く紅葉
波にゆられて　離れて寄って
赤や黄色の　色さまざまに
水の上にも　織る錦
（明治四十四年六月「尋常小学唱歌」第二学年用）

秋にヨーロッパ、アメリカ、台湾、東南アジアへ海外旅行をした経験があるが、「紅葉狩り」なる楽しみを持つのは日本だけであることを知った。熱帯、亜熱帯は常緑樹ばかりで、紅葉、落葉する樹木はほとんどない。やはり、四季があり、紅葉狩りのある日本がはやり、素晴らしい。

# エピローグ

約五か年にわたって、成人学校、カルチャーセンターなどの植物講座を受講された皆様と一緒に、「万葉植物」について学んできたが、現代も行われている行事に植物が関わっているものが数多くあることから、私たち日本人の源流を知った思いである。それらの植物を見るにつけ、当時の人々の様子が思い浮かんでくるような気がし、一層の親しみを覚えた。

春になると、郊外に出て「うはぎ」（ヨメナ）や若菜を摘み、そこで少女たちだけで羹《あつもの》を煮て日を過ごす行事があったが、そのことは民間では後々まで続き、昭和の時代にも「菜摘み」や「ボンドロ」という習俗に残されていた。

また、花見は今も各地で盛んに行われ、上巳は「桃の節句」（ひな祭り）として、「菖蒲の玉」は「薬玉」としてかたちを残し、「端午の節句」に菖蒲湯で邪気を避ける風習なども合わせて現代に続いてきたことはすでに学んだ。植物は一年を通してさまざまな場面で、人々に幸いや楽しみや生きる力を与えてくれている。

万葉人は、貴族・民間を問わず、自ら木や花を移植したり栽培したりと、植物に対して目を配る人が少なからずいた。

射《い》目立てて　跡見《とみ》の周辺《をかへ》の　なでしこが花　ふさ手折り　我は持ちて行く　奈良人のため

紀鹿人

【跡見の周辺に咲いている撫子の花よ。この花を、ふっさりと、たくさん手折って、私は持って帰ろう。奈良の家にいる人のために】

都から足を運ぶ人は、郊外に出ると、土産にする植物を探していた。花束を持ち帰る都には花を愛でる人がいてくれた。その花束が家人に渡されれば、活けられて家の中が明るくなったのだろう。

去年《こぞ》の春　い掘《こ》じて植ゑし我がやどの　若木の梅は花咲きにけり

阿部広庭

【去年の春、掘り取ってきて植えたわが家の庭の梅の若木は、もう花が咲いたよ】

どこからか梅の若木を掘り取って、去年庭に植えたという。阿部は、花好きの貴族の一人である。育てていると、さらに愛着が涌いてくるものである。こうした実際の生活を背景にもつために、この植物はより手触りの濃いものとなっている。歌に選ばれる素材の広がりや独自性と植物に対する観察力、それをめぐる心理が万葉歌にさまざま残されているのは、とても貴重である。万葉人は恋愛や親睦、旅や神祭りや行事など、人生や生活の中での折々に植物を引き合いに出して、しばしば詠う。それだけ、彼らの心に植物が深く結びついていたのである。それが今日の日本人の心の原点だと思う。そところで、『万葉集』の最後の歌が極めて印象的なのである。

## 新しき年の始《はじめ》の初春《はつはる》の　今日降る雪のいや重吉事《しょごと》　大伴家持

【新春の雪が降り積もる。この積もる新雪のように、めでたいことも益々しげく積み重なれよ】

「吉事」は「良い事」。この歌は、天平宝字三年（七五九）元旦、印旛の国司として赴任していた家持が、国庁の役人たちを集めて新年の祝宴を催したときのお祝いの歌である。この因幡の国司赴任は、当時の政界の事情を反映した左遷だったが、彼の歌は、それをおくびにも出さない堂々とした歌である。かすかな望みを持ち、詠じたのでないかという説もあるが、私は、そんなことに一喜一憂するような人ではなかったと信じている。『万葉集』という輝かしい歌集ができたのは、家持の功績が大である。ただし、家持はその後も歌を詠ったはずであるが、それらの歌は不明である。逆に、この良き歌で『万葉集』が閉じられたことが良かったと思われるがどうだろうか。

『万葉集』には不明な部分も多々あるが、それがまた魅力でもある。それにしても、私のように必ずしも和歌についての専門的な知識を持ち合わせていない者にも、『万葉集』の歌を詠んだ人の気持ちが手に取るように分かるから不思議である。それは、万葉の人たちが感じていたことと、現代の私たちの気持ちがつながっているから。一三〇〇年以上前に生きていた人々が持っていた心と現代に生きる私たちの心の根本が同じだからである。万葉時代においては、歌を詠むことは、私たちが考えるような文学ではなく、もっと生活そのものに密着したものだったのだろう。日常の暮らしの中で生まれる喜怒哀楽の感情がそのまま、素直な言葉となってほとばしり出たものなのだろう。恋あり、別れあり、旅あり、死あり、動植物などの自然や風景への想いなど。

ただし、万葉の人々が大切に残した言葉、その言葉に込められた純真な心の中には、現代の私たちが忘れてしまったものもいくつかあったことを忘れてはならない。今日の自然破壊に伴い、絶滅してきた動植物への懺悔の心を忘れてはならない。そして、万葉植物を詠んだ万葉人から学んだ知恵を生かし、自然復活のため、少しでも尽力していかなければならないだろう。本書に、「絶滅危惧種」とか、「ヒートアイランド現象」などのコラムを設けたのもそのためである。

最後に、嬉しかったことを紹介したい。筆者は長野市内の公民館やカルチャーセンター等で四講座を担当しているが、ある年の三月に、私の講座を受講されていた方から、次のような内容の礼状をいただいたのである。

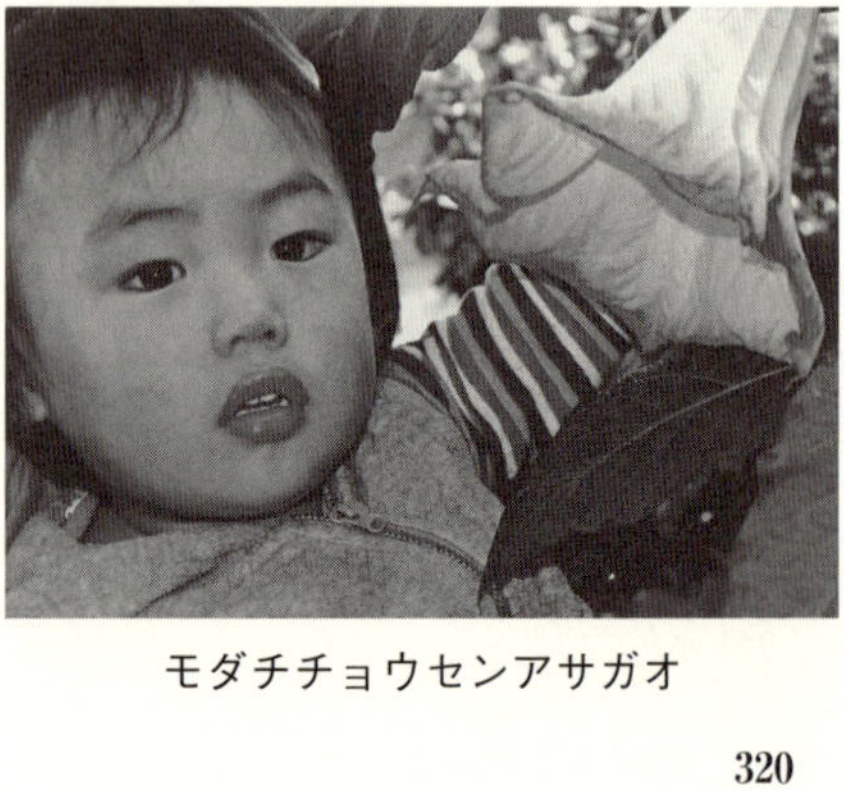
モダチチョウセンアサガオ

先生の講座で、「自分は優しい思いやりのある人間でいたい」と一層思うようになりました。草木を学ぶ講座は、人生を豊かにする勉強会です。めまぐるしく変わる世の中で、草木などの自然や人生について学べることは幸せなことだと、そういう心の余裕があることが大事なことだと実感しています。

このような感想をもっていただき、とても嬉しかった。植物講座を担当させていただくようになって約十年、私の願っていたことが達成したように思えたのだから。

今、私たちが生きている社会は、さまざまな困難な問題を抱えている。正に激動の時代であり、何が確かなものなのかが分からない世の中である。世界では民族や宗教などの対立によるテロや戦争が繰り広げられ、多くの人々が難民として苛酷な生活を余儀なくされている。また、開発途上国では何百万人もの子どもたちが飢餓、病気、貧困に曝されている。国内に目を向けても、毎日のように傷つけ合い、殺し合う悲惨な事件が発生し、人と人との信頼関係が崩壊しているような不信の時代、さらには「無縁社会」とまで言われる状況。

最も信頼関係で結ばれていなければならない親と子、教師と教え子の関係が壊れてしまっていると言われている。親による虐待が原因で犠牲になった子どもまで出ている。最も信頼すべき親や教師が信頼できない子どもは本当に不幸である。私はこんな今こそ、切り離された自然との関係を取り戻すことから始めるのが、まずやるべきことだとの信念を持ち、植物は、そのきっかけになると確信している。

毎年、四月の講座初日に話すことは、尊敬する植物学者の牧野富太郎先生のことである。私が小学校五・六年の時の担任の先生は、牧野先生の植物観察会に何度が参加された方で、高小卒の牧野先生の偉大さを何度も聞かされていた私は、牧野先生の手による植物図鑑や植物に関する書物を手当たり次第、何度も何度も読み返した。その中に「花を愛する心」と題した次の一文があった。

花を愛する心は、人間にとってたいそう尊いことだと思います。花を愛する心をいつも持っていれば、思いやりの深い人になれます。難しく言えば、博愛心、仏教では慈悲心ということになります。私は若い人たちに、ぜひ花を愛する心を養っていただきたいと思っています。思いやりの心があればけんかなど起こりません。けんかは人を押しのけて、自分だけよくしようとする利己心があるから起こります。強きをくじき、弱気を助けることは世の中をよくしますが、その根底には思いやりの心がなければなりません。いつも強い者が勝ち、弱い者が負けるだけの世の中では、弱い者はいつも泣き寝入りをしなければなりません。法律というものは、無法な者が出ないためにあるもので、道徳というものも、不道徳な人がいるから必要なわけです。今日の社会では法律も道徳もまだ必要なのです。（中略）私は、植物標本についているどんな小さな虫でも決して殺してしまう気になれません。廊下をはっている一匹のアリでも、踏みつぶしたことがありません。私のこうした同情心は、何十年もの長い間、花を愛し続けてきた結果、自然に養われてきたものです。（後略）人間の社会にもっと博愛心があれば、世の中はもっと明るくなることでしょう。

そして、牧野先生は、世界を平和にするための「植物教」を提案されたのです。非力な私であるが、牧野先生や素敵な草木たちから学べたことへの恩返しとして、植物教の「一伝道者」となろうとしている者です。もちろん、まだまだ道半ばである。もうしばらく、この任を続けていきたいと願っている。本拙著は、その再スタートであると思っている。

## 参考文献

（一）田中真知郎／写真・猪俣静弥／文『万葉の花暦』（あかね書房）
（二）牧野富太郎著『植物図鑑』（共同印刷）・『植物記』（桜井書店）
（三）丸山利雄著『しなの植物考』『続しなの植物考』『続々しなの植物考』（信濃毎日新聞社）
（四）桜井満監修『万葉集を知る辞典』（東京堂出版）
（五）片岡寧豊著『万葉集の花』（青幻舎）
（六）山田卓三・中嶋信太郎著『万葉植物を読む植物事典』（北隆館）
（七）『信濃の東山道と万葉歌』（上田市立信濃国分寺資料館）
（八）佐々木幸綱著『万葉集のわれ』（角川選書）
（九）坂本信幸・藤原茂樹著『万葉びとの言葉とこころ』（ＮＨＫ）
（一〇）大岡信著『万葉集（ほか）』（講談社）
（一一）渡辺康則著『万葉集があばく「捏造された天皇・天智天皇」』上下（大空出版）
（一二）小村昭雲著『原色万葉植物図鑑』（桜楓社）
（一三）佐佐木幸綱著『ＮＨＫ「１００分de名著」ブックス　万葉集』（ＮＨＫ出版）
（一四）安井仁著『花の万葉を歩く　万葉植物』（グラフィック社）
（一五）若浜汐子著『萬葉植物原色図譜』（高陽書院）
（一六）松田修著『あの花・この草　万葉植物研究と植物随想』（牧書店）

# 索引

【さ】

【ら】



【わ】

〔著者略歴〕
高見沢《たかみさわ》 茂富《しげとみ》［本名：永井 茂富］

1946年、長野県千曲市生まれ。倉科小・屋代中・上田高校・東京学芸大学理科卒業後、東京都、長野県の小・中学校に37年間勤務の後、長野県環境保全研究所に、環境保全研究員（植物分類担当）として３年間勤務する。動植物好きで、日本各地を探索する自然愛好家。植物を専門とし、自然観察インストラクター、自然観察ボランティア、国有林アドバイザー、成人学校、カルチャーセンター、自然観察会の講師を務める。趣味は植物画、詩吟、読書、聖書研究、童話創作など。ほかに、長野市浅川地区人権啓発委員長、環境研「友の会」会長などを歴任。現在は３つの講座の講師を務めている。
著書に『ベティとさち』（2006年・新風舎）、『木曽のぬくいかあちゃん』（2007年・新風舎）、『信じ愛す信じ慕う』（2013年・信毎書籍）、『七草物語秘話』（2008年・ほおずき書籍）、『帰化植物秘話』（2009年・同）、『植物行事秘話』（2012年・同）、『二十四節気植物秘話』（2016年・同）
**〔お願い〕「愛読者カード」にて、ご感想・ご助言をお寄せいただけましたら幸甚です。今後の創作に活かしたいと思います。**

写真提供　小林香代子

万葉植物秘話

2019年10月１日　第１刷発行

著　者　高見沢 茂富
発行者　木戸 ひろし
発行所　ほおずき書籍株式会社
〒381-0012　長野県長野市柳原2133-5
☎026-244-0235
www.hoozuki.co.jp
発売所　株式会社星雲社
〒112-0005　東京都文京区水道1-3-30
☎03-3868-3275

ISBN978-4-434-26628-7